家居装修从入门到精通

理想·宅 编

化学工业出版社

·北 京·

编写人员名单：（排名不分先后）

叶 萍　黄 肖　邓毅丰　杨 柳　刘雅琪　梁 越　李小丽　王 军
任雪东　李 幽　于兆山　蔡志宏　刘彦萍　张志贵　刘 杰　李四磊
孙银青　肖冠军　安 平　马禾午　谢永亮　祝新云　潘振伟　王效孟
赵芳节　徐 武　陈建华　陈 宏　黄 华　何志勇　郝 鹏　李 卫
林艳云　李 广　李 锋　李保华　刘 伟　刘 全　王力宇　王广洋
许 静　王静宇　李 雨

图书在版编目（CIP）数据

家居装修从入门到精通 / 理想·宅编. —北京：化学工业出版社，2018.8（2023.3重印）
ISBN 978-7-122-32554-9

Ⅰ. ①家… Ⅱ. ①理… Ⅲ. ①住宅-室内装修-建筑设计-图解 Ⅳ. ①TU767-64

中国版本图书馆CIP数据核字(2018)第145810号

责任编辑：王 斌 邹 宁　　装帧设计：韩 飞
责任校对：吴 静

出版发行：化学工业出版社(北京市东城区青年湖南街13号 邮政编码100011)
印　　装：中煤（北京）印务有限公司
787mm×1092mm 1/16 印张25 字数700千字 2023年3月北京第1版第14次印刷

购书咨询：010-64518888 (传真：010-64519686)　售后服务：010-64518899
网　　址：http://www.cip.com.cn
凡购买本书，如有缺损质量问题，本社销售中心负责调换。

定　　价：99.00元　

目录
CONTENTS

目录
CONTENTS

目录
CONTENTS

目录
CONTENTS

目录

目录
CONTENTS

第一章 户型设计

户型又叫房型，是指房屋的类型和布局按照面积可分为小户型、中户型和大户型。好的户型一般要求采光好、通风流畅；朝向的选择通常以朝南最佳。在进行空间设计时，针对不同户型的特点，设计重点也各不相同。

一、小户型设计

小户型方案

1. 小户型设计重点

小户型面积标准各地有所不同，一般界定为30～70m²。小户型的房子面积不大，但是家中该有的家具和用品却是不能少的，装修小户型房子的时候要注意空间的规划，不能随意摆放，这样会让房子看起来非常地拥挤而且乱，因此简洁和实用并存是其设计重点。同时，尽量将小户型设计得简约些，在家具的选择上也要偏向于简洁而精致的款式或储物功能比较强大的多功能家具，这样整体看上去才不会显得拥挤杂乱。

▲ 利用简单的置物架分隔出客厅与卧室，既有不同的空间规划，又不显凌乱

2. 小户型隔断设计

小户型隔断设计可以运用橱柜作为隔屏，在隔出其他空间的同时，还要尽量使用透光的质材，不但可以透光，令室内更明亮，而且可以让视觉有延展性，使室内更显宽敞。居室的隐秘性，也是透明隔断设计必须兼顾的重点，可以在玻璃外加上布幔或百叶帘等。

▲ 将电视背景墙与隔断结合，划分空间的同时也能成为装饰亮点

▲ 利用木条作为卧室与客厅的分界，能令光线自由通过，使居室更显宽敞

3. 小户型色彩设计

小户型的色彩设计一般不要过多采用深色，最好以柔和亮丽的色彩为主调。浅色调或中间色具有扩散性和后退性，能延伸空间，令空间看起来显得更大。所以，不妨把屋顶和墙壁刷成白色、米黄色等浅色系，墙裙加深一些，家具颜色更深一些，使房间颜色上浅下深，过渡渐变，从而可以令居室带给人清新开朗、明亮宽敞的感受。

▲ 小户型客厅整体使用白色系，其中以亮黄色作为点缀，给人清新明亮的感觉

4. 小户型家具布置

造型简单、质感轻、小巧的家具，尤其是那些可随意组合、拆装、收纳的家具比较适合小户型；或选用占地面积小、比较高的家具，这样既可以容纳大物品，又不浪费空间。例如，客厅家具可以尽可能地选择高腿的，这样可以不遮挡人们的视线，使家里看起来明朗空旷；或者也可以选择两用的沙发，既可以做日常坐休的使用，晚上也可以当作床使用，如果有客人来，也能临时成为客房。

▲ 利用一面墙打造展示柜，将座椅结合进去，不仅能节省空间，也能增加收纳功能

5. 小户型软装设计

当空间比较狭小的时候，过于复杂的搭配会让人眼花缭乱，房间也会因此变得花哨拥挤，因此，小户型的软装设计应该尽量简约，利用体积较小、兼备装饰性能与实用功能的软装饰品来代替复杂、庞大的装饰品。小户型也可以适当运用镜子或玻璃装饰，当光线照射时，不仅可以使空间更加明亮，大面积使用时，也能从视觉上扩大空间感。

▲ 在客厅摆放集收纳与装饰为一体的立地式装饰钟，好看又实用

6. 小户型收纳设计

小户型的收纳设计要充分利用纵向垂直空间，比如如果房屋高度够高，可利用其多余高度隔出天花板夹层，加上折叠梯作为储藏室；同时，可以使用抽屉床、可拉式桌板、抽屉柜等家具，将不同功能区重叠；活用犄角空间和墙面，定制可随意组合的家具，避免空间浪费。

► 在玄关处墙面定制到顶橱柜，使原本窄小的玄关变得宽敞、干净

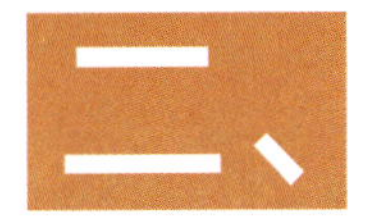

二、一居室设计

一居室方案

1. 一居室设计重点

一居室即为一室一厅，包括一室、一厅、一厨、一卫。一居室设计需要合理利用空间，满足多种功能。墙面避免繁复造型，可选择一面墙来作主题墙设计；地面可采用木地板来增加温暖质感；顶面造型也不宜过于复杂，可用灯光调整氛围。尽量运用布艺织物来柔化空间，如小面积铺设地毯，在沙发上摆放色彩跳跃的抱枕等。

▶ 客厅选择一面墙设计成主题墙，搭配仿古地砖，能简洁明快地凸显居室风格

2. 一居室色彩设计

一居室根据居住人群不同，在色彩设计方面也略有不同。单身人士大多采用浅色系或中间色，塑造出明亮、开阔的氛围；也可以根据自身的喜好，选择适合自己的家居配色；而新婚夫妇作为过渡房，在色彩设计上，可以采用温馨色彩，如黄色系、粉色系等。

▲ 选择暖色调进行装饰搭配，可以使居室显得明快而又温馨

3. 一居室家具布置

一居室的家具不宜过多，满足基本生活需要即可。例如，沙发可选择简单的双人沙发或单人沙发搭配简单的单人椅；也可以运用没有过多修饰的L形沙发作为空间软隔断，分隔出一个小餐厅，或阅读空间。另外，一居室的家具可以选择具有强大收纳功能的，可以节省不少空间。

▲ 选择组合型家具可以节省不少的空间

▲ 利用L形沙发分隔出小的用餐区域，既不会整体显得凌乱，又能满足用餐需求

4. 一居室动线设计

房子面积越小，对合理的空间规划越渴求，越需要保证没有因过多杂物堆积而显得空间拥挤，因此，家务动线的设计尤为重要。在家里，业主最常进行的活动是买菜、洗衣服、做饭、打扫，所涉及的空间主要集中在厨房、卫生间等区域，如果将餐桌放在一进门的位置，那么外出购置回的食物会堆放在餐桌上，从而使人一进门就首先看到的最乱的地方；相反，如果将厨房设计在门口位置，就可以直接拎进厨房，减少混乱感。

▲ 厨房设置在门口旁，餐厅与客厅形成直线型，日常动线简洁快速

5. 一居室软装设计

一居室的软装饰品以简洁为主，数量可以不用太多，但要精致、独特或兼备实用功能。比如，一居室客厅与餐厅往往没有明确的分区，因此可以使用轻盈美观的珠线帘作为分隔隔断，既显得美观，又可以成为隔断。除此之外，也可以选择有反射作用的镜面装饰装点居室，镜面的镜像作用有视觉上扩大空间的效果，令一居室看起来更宽敞、明亮。

▲ 镜面装饰可以使面积不大的客厅在视觉上有扩大的效果，同时也能为客厅补充光线

三、两居室设计

两居室方案

1. 两居室设计重点

两居室泛指拥有两个卧室的房间，户型包括两室一厅和两室两厅，面积大致在 50～100m^2。两居室的家庭一般都会有较多的社交活动，可以在餐厅或空余地带设计吧台等带有聚会功能的家具。两居室的墙地顶设计多样化，主要根据业主需求来选择。合理搭配材料、和谐配色、适当的家具布置依然是其设计要点。两居室中的软装配饰应和家居风格相协调，可以多用 DIY 设计。

▶ 简单却蕴含小心机的墙面设计，通过材质和色彩的搭配，形成简洁舒适的两居室空间

2. 两居室空间分配

两居室如果客厅较大，则可以将客厅的一半和阳台密封起来做一个房间，留一半空间继续当客厅。此外，也可以将次卧和餐厅各隔出一部分来，增加一个房间；或者把客厅和卧室连接的墙打掉一半，然后将卧室的门向里挪一点，这种向卧室借空间的改造方法也不错。

▲ 将卧室的墙面改造成玻璃窗，分出一部分改造成餐厅，这样可以提高空间的利用率

▲ 客厅面积较大时，可以隔出一部分作为书房使用

3. 两居室色彩设计

两居室的居住对象常为新婚夫妇、三口之家或儿女已成家的中年夫妇，因此在色彩设计上可以更多地去展现温馨感。大地色系会奠定温和、朴素的基调，可以再加入暖色调或浅色调来点缀调和，从而增加活跃、生动的气氛。新婚夫妇则可以在此基础上局部使用红色系进行点缀，增加喜庆氛围；也可以整体使用黄色系，比如淡黄色、奶黄色来塑造温馨的感觉。

▲ 白色系空间加入橙色装饰，增加了活跃、温馨的气氛

4. 两居室家具布置

两居室的家庭一般都会有较多的社交活动，因此可以在餐厅与厨房的过渡地段设计摆放带有聚会功能的家具，例如吧台或休闲高脚凳等；也可以在客厅摆放上三人沙发和两三张凳椅，再搭配上中等体积的茶几形成围坐形式，方便家庭成员或主客之间的聚谈交流。

▲ 厨房与餐厅连接的地方可以摆放两张休闲椅，成为餐前休闲的小场所

5. 两居室动线设计

两居室的动线设计要重点注意居住动线与访客动线的设计。两居室的家庭相对一居室会增加较多的社交聚会，因此动线设计时，既要保证居住者空间的私密性和独立性，也要注意访客动线的与卧室等私密空间应避免相交。例如，有的户型的卧室门位于电视墙旁边，正对客厅，客人一落座即可看到卧室的床、衣柜，私密的休息空间直接暴露于客人面前，难免尴尬。

▲ 访客动线为直线型，可以保证居住者空间的私密与独立

6. 两居室软装设计

两居室软装相较于一居室，样式上的选择较为多样。但也要根据空间整体风格来选择，而不是一味地堆砌。比如，现代风格的两居室可以简单选择题材抽象的单幅装饰挂画装点空白墙面，同时为空间增添艺术感；也可以摆放带有几何图案的靠枕或铺设线条利索干净的地毯来丰富空间线条变化。

▲ 利用颜色艳丽的装饰画来装饰客厅，在增添艺术感的同时也活跃了客厅氛围

四、三居室设计

1. 三居室设计重点

三居室泛指拥有三个卧室的房间，户型包括三室一厅一卫和两室两厅两卫。面积大致在90～140m^2。三居室具有较充裕的居住面积，在布置上可以按较理想的功能划分居室空间，即起居室、休息区、学习工作区，各自相互独立，不再彼此干扰。布局方式、色彩和形式也较为自由，家庭成员可以按自己的喜好布置各自的房间，对起居室可结合全家人的心意共同设计。居室的具体安排应结合实际的居住人数来考虑。

▲ 三居室在布置上可以按较理想的功能划分居室空间

2. 三居室空间分配

三室一厅中的大厅主要设计为会客厅，作为日常接待亲朋好友之用。面积较大的卧室为主卧室，一般这间卧室会带有卫浴，可以设计成主卫。如果面积足够大，还可以隔出一个衣帽间。面积居中的卧室可以设计成儿童房，根据儿童的年龄阶段进行不同设计；如果是和父母同住，则可以设计为老人房。面积最小的卧室一般作为书房加客房使用，如果是三世同堂，则把这一间设计为儿童房。

如果家中居住的人口较少，还可以把面积最小的卧室设计成一个单独的用餐空间。如果没有多余的空间做餐厅或者不想在客厅中划出餐厅，则可以考虑打造一个餐厨一体的厨房。

▲ 选择面积最小的卧室设计成一个单独的用餐空间，为生活增添不一样的情趣

3. 三居室色彩设计

三居室由于面积较大，所以在色彩的设计上可以不用避讳大面积使用深色系色彩，反而可以显得大气而沉稳。三居室家庭大部分都有孩子或与老人同住，因此在色彩的设计上有所侧重。儿童房的色彩尽量以纯色调或明色调为主，多运用如天蓝色、嫩黄色、果绿色或粉色等清新、活泼的颜色；而老人房可以多使用棕色系色彩，营造舒适、稳重的气氛。

▲ 亮黄色和天蓝色点缀，使儿童房变得活泼、明快

▲ 面积较大的卧室可以选择大地色进行搭配，表现出稳重、大气的感觉

4. 三居室家具布置

三居室具有较充裕的居住面积，在布置上可以按较理想的功能划分居室空间，各自相互独立，不再彼此干扰，家庭成员可以按自己的喜好布置各自的房间。比如，面积较大的卧室为主卧室，可以在其中打造带有休憩功能的飘窗，在室内摆放休闲座椅等；面积最小的卧室一般可以作为书房加客房使用，可以在书桌对面摆放可卧可坐的榻式家具，将书房与客房结合。

▲ 面积较大的卧室可以在室内摆放休闲座椅和床尾凳，从细节上来为生活增添品质

5. 三居室动线设计

三居室由于卧室数量增多，整体面积增大，因此居住者动线的合理设计将能节省时间与精力。居住动线涉及卧室、卫生间、书房等区域，这条动线的设计关键在于私密、方便。例如起床洗澡后，在卫生间直接吹头发比跑到卧室梳妆台吹头发要简单；有时候，在卧室梳妆台化妆觉得光线不够，要拿着小镜子到窗前补妆，而这些不合理的动线都耽误了时间。

▲ 三居室动线要偏重于解决居住动线的设计如何更节省时间与精力

6. 三居室软装设计

三居室的软装选择可以更加地丰富，除了小型工艺品，也可适当加入体积较大的装饰物件。业主可以根据个人的喜好，结合整体空间风格，选择不同的软装饰品。除了可以在墙面悬挂多幅组合的装饰画，或在过道、走廊处放置造型精美的边柜，摆放上精致、独特的工艺摆件外，喜爱绿植的业主也可以选择在客厅角落摆放大型的盆栽，使居室充满自然之感。

▲ 三居室的客厅可以悬挂多幅装饰画进行装饰，可以带来不一样的视觉体验

五、跃层设计

跃层方案

1. 跃层户型优缺点

跃层户型的优点

拥有较好的采光面，提供优质的采光、通风效果；户内面积较大，布局紧凑，可满足不同人群的住房需求；功能明确、齐全，上下层隔离，相互干扰较小。

跃层户型的缺点

户内楼梯要占去一定的面积；二层一般不设户外通道，发生火灾时，不易疏散，存在安全隐患；上下楼对于老人、儿童不方便；跃层住宅面积一般较大，房屋总价较高。

▲ 跃层住宅在分区上更加明确、合理

▲ 对于有孩子和老年人的家庭，跃层设计较为不方便

2. 跃层空间设计重点

跃层住宅有足够的空间可以分割，可按照主客之分、动静之分、干湿之分的原则进行功能分区，满足业主休息、娱乐、就餐、读书、会客等各种需要，同时也要考虑外来客人、家佣、保姆等的需要。另外，功能分区要明确合理，避免相互干扰。

▶ 跃层设计功能分区明确合理，避免相互干扰

3. 跃层的空间分配

跃层在首层一般安排起居室、厨房、餐厅和客卫，条件允许，还会有一间卧室；二层安排卧室、书房、主卫等。在装饰档次上，要根据不同需求、不同身份进行设计，突出重点。一般主卧室、书房、客厅、餐厅要豪华一些，客房、佣房则应简洁一些。

◀ 墙面使用黄色乳胶漆和壁纸修饰，不仅可以划分空间区域，而且也能丰富墙面设计

跃层总高度一般为5.6m左右，所以在分层的时候，要注意其分层高度。为了避免压抑感，二层的卧室净高必须大于等于2.3m。如果住宅面积太小，只设计一个卫生间，最好设计在上层，位置最好在下层厨房的上部，也可以在门厅或入口前室上部。

▲ 跃层一楼一般以客厅、餐厅和厨房为主

六、复式设计

1. 复式户型优缺点对比

复式户型的优点

平面利用系数高，通过夹层，可使住宅的使用面积提高50%~70%；户内的隔层可为木结构，将隔断、家具、装饰融为一体，降低了综合造价；适合大家庭居住，既满足了隔代人的相对独立性，又达到了相互照应的目的；上下两层有视线联通，空间具有开阔感。

▲ 通过夹层，可使住宅的使用面积提高

复式户型的缺点

复式住宅不是真正意义上的两层空间，采用夹层设计势必会对住宅层高造成一定的影响；楼梯设计尤为费心，因空间开阔，需设有必要的防护措施，对于老人、儿童生活具有潜在危险性；复式装修大部分依赖木质装修材料，隔音性能差、防火效果不佳。

▲ 夹层设计对住宅层高造成一定的影响，视觉上会有压迫感

2. 复式户型设计重点

对于复式房的设计来说，因为复式的房子进行了挑高，同时又分成了上下两层，有些空间是重叠的部分，要充分地考虑到复式房之中对自然光的利用。因此在设计之时，复式房的窗户也要多一些，这样能更加地透光。在复式房之中，可以多加一些绿色的植物来进行点缀，这样也能够让家居充满一种更加自然美好的感觉。同时，也可以用一些隔断来将空间进行划分，最好是透明玻璃或者是带格的花窗，虚虚实实之间就让空间有效地利用起来了。

▲ 客厅多扇落地窗为复式住宅增添充足的光线，使整个空间看起来更宽敞、明亮

复式楼的墙面要突出设计感。复式楼墙面过高，如果过于简单，会显得墙面太单调，因此对待复式楼，尤其需要有一种设计的美感。一般情况下，可以用各种不同的装饰材料来对墙面进行装饰，让墙面显得更加的独特，更加地凸显来自房屋主人的品位。尤其是电视背景墙，可以重点打造，如设计一个展示架，或者用两三种材料做出造型。

复式楼房子装修要注意空间的衔接。因为复式楼分上下两层，衔接上下两层的就是楼梯，楼梯一般放在一个角落里比较好，不会影响到一楼的整体美感。

▲ 由于客厅配色和装饰十分简单，因此在楼梯处设计马赛克拼花来丰富空间细节

3. 复式户型空间分配

复式住宅的居住形式实质上与其他住宅的居住形式相同，在对复式小户型进行设计的过程中，首先必须要对其功能进行全面分析，然后根据居住者的不同需求对其进行合理设计，以求能够确保复式小户型设计的合理性，满足居住者的日常生活需求。例如有年迈老人的家庭，由于上下楼梯不方便，那么可以在楼下设计出单独的老人房。

▲ 利用电视背景墙将楼梯隐藏，视觉上更有整体性

对于复式户型来说，最大的特点在于用楼梯将两层楼连接为一体，并将客厅有效利用，令客厅显得更加通透、宽敞。同时，最好楼上楼下都有卫浴间，避免跑上跑下浪费精力；卧室、书房等安静私密的地方可以设置在楼上，客厅、厨房等生活会客区域可以设立于楼下。

▶ 利用楼梯连接上下两层，将客厅有效利用

七、别墅设计

别墅方案

1. 别墅设计重点

▲ 利用弧形门套来划分空间，使别墅整体看上去更紧凑

由于别墅面积较大，很多人认为功能应该不是问题，这其实是一个误区。由于建筑设计的局限性，经常会造成别墅空间面积的利用率不均等，这时候，需要在室内设计的过程中做必要的动线调整，以合理的功能安排和布局，满足业主对于生活功能的要求。

一般而言，别墅的客厅空间都相对较大，是最凸显整体设计风格的地方，因而在设计上，需要着重注意对客厅空间整体和局部的把控。别墅的层高相较于普通住宅要高，在设计上一般都考虑增加辅助照明、灯光处理、墙面修饰、栏板形式和选材等手法来丰满别墅的空间感。

▲ 丰富的墙面与顶面设计更凸显大气、豪华的设计风格

2. 别墅的空间分配

别墅由于面积足够大，所以可以拥有较齐全的居住功能，功能空间至少包括客厅、餐厅、卧室、厨房、书房、卫浴和室外庭院等。但是，别墅的功能性区分很强，例如，会客空间和生活空间不要与休憩空间在同一层；主人房与客人房也要有不同的分配，既要保证主客之间的隐私，也要保持相对合适的距离，以免出现照顾不周的情况。从房型上考虑，别墅一般底层为客厅，越往上越是私密空间，尤其是主卧，应尽量避免一下从很开放的空间进入。因此，楼梯的位置应与卧室的入口保持适当距离，创造一定的过渡空间。

▲ 一层为会客厅，二层为生活空间，功能分配明确

别墅中客厅是给人第一印象和感受的场所，一般客厅与门厅相联系，是最开敞的空间。有时，客厅可以设计几个小凹室视野，以便不同来访者的谈话不受打扰；起居室则是家庭生活空间中的重要部分，一般直接与卧室连接，既能保证卧室的私密性，又能提供家人聊天的场所；而多个卧室中，至少有一个卧室与室外露台或阳台相连，这样可以拥有良好的视野又不失私密性。对于车库、洗衣房、储藏室等空间，一般设计在房子的一侧或后面，洗衣房最好连接车库和卫生间，行动上更加方便，也不影响空间整体效果。

▲ 二楼设计成独立型的会客厅，既能作为过渡空间，又能成为私密会客的场所

第二章 风格设计

装修风格是室内装修设计的灵魂，也是装修的主旋律。室内风格按地域分，可以分为东方风格和西方风格。东方风格一般有中式风格、东南亚风格等。西方风格一般有欧式风格、北欧风格等。此外，现代风格、简约风格等，也是备受大众喜爱的装修风格。

一、现代风格

1. 现代风格设计理念

19 世纪末工业革命给艺术领域所带来的冲击超过了以往任何一个时期，同时也宣告了农业社会的结束与工业社会的开启。从那以后，新兴的艺术流派层出不穷，但是没有一个现代艺术流派在实质上超过了抽象主义对现代建筑与室内艺术的贡献。1919 年，包豪斯学派成立，第一批教师当中就有抽象主义的开山鼻祖瓦西里·康定斯基和保罗·克利等人。抽象艺术因此成了现代风格的指导方针和精神源泉。

现代风格设计造型简洁，功能合理，布局以不对称的几何形态为特点，强调突破旧的传统，创造新的建筑，并反对多余的装饰，崇尚合理的构成工艺，尊重材料的性能，重视建筑结构自身的结构形式美。

◀ 包豪斯学派奠定了现代风格的基础

2. 现代风格配色表现

现代风格张扬个性、凸显自我，色彩设计极其大胆，探求鲜明的效果反差，具有浓郁的艺术感。现代风格更显著的特点是注意色彩对比，以及注重材料的类别和质地。现代风格的家居在色彩的搭配上较为灵活，一种是将色彩简化到最少程度，即以无色系中的黑、白、灰为主色，三种色彩至少出现两种；另一种是使用强烈的对比色彩，像是白色配上红色或深色木皮搭配浅色木皮。

现代风格配色

▲ 无色系空间，塑造冷硬的都市感

▲ 红色和黄色对比，营造个性空间

3. 造型、图案的体现

现代风格的造型、图案多以点、线、面的几何抽象艺术代替繁复的造型。空间造型常被分解成几何结构、直线、方形或弧形。空间的材质与色彩化身为形态各异的色块点缀其间。置身其中，如同在欣赏一幅幅几何抽象绘画作品。同时，彰显出刚劲、严谨、简洁和理性的现代气质。

现代风格的空间结构一般由硬朗的线条构成，给人以整洁、利落的视觉感受；如果想令空间带有造型感，也可以打造弧形墙。在装饰图案方面，现代风格较为青睐带有艺术感的几何形状，直线条也非常适用于现代风格。

▲ 弧形隔断增添空间的艺术性

▲ 几何图案软装能够体现出现代风格的造型感

4. 材料选用与设计

现代风格的家居在选材上不再局限于石材、木材、面砖等天然材料，一般喜欢使用新型的材料，尤其是不锈钢、铝塑板或合金材料，作为室内装饰及家具设计的主要材料；也可以选择玻璃、塑胶、强化纤维等高科技材质，来表现现代时尚的家居氛围。

▲ 新型材料的运用，使空间充满前卫的现代气息

5. 家具特征及常见种类

现代风格家具整体线条简洁流畅，摒弃了传统风格的烦琐雕花，多以几何造型居多。大量使用钢化玻璃、不锈钢等新型材料作为辅材，能给人带来前卫、不受拘束的感觉。

现代风格常见家具

种类	图例	简介
造型茶几		多采用金属、玻璃等新型材质，有笔直分明的棱角与高光泽度的表面 以点、线、面的形式展现出来，具有时尚感，装饰效果出色
木质 + 金属家具		柜体形体方正，多采用直线条以及金属材质设计；拉手简单精致，没有繁杂的雕饰造型；门板是平面的，上面没有绘画图案以及雕花造型 空间适用范围广，可以作为客厅和卧室中的边柜，集实用与美观为一体
大理石台面家具		大理石台面表面光滑、有质感 天然石材的纹理非常美观，质地坚硬，防刮伤性能十分突出，耐磨性能良好 充满冷硬感，十分适合现代风格居室
复合材料躺椅		皮质表面拥有细腻光滑的触感，凸显现代时尚感

续表

种类	图例	简介
MILA 休闲椅		⊙ 造型活泼、时尚前卫 ⊙ 表面富有弹性，搭配亚光漆面整体更显高级，巧妙地使用面料坐垫和背靠，在符合人体工程学设计的同时更加时髦
金属高脚椅		⊙ 金属包覆椅腿，简单而不失时尚感，皮质座椅展现现代气息
玻璃茶几		⊙ 玻璃的通透性，可减少空间的压迫感，给人纯净感 ⊙ 不锈钢几腿造型时尚，充满了现代气息
太空椅		⊙ 通体采用玻璃钢材质，一次成型，球体弧度均匀、光滑平整、边角圆润。太空椅使用的玻璃钢材料强度可以与高级合金钢相比，拥有极佳的承重性 ⊙ 内饰使用高弹羊绒布，布面服帖紧绷，且柔软舒适
线条简练的板式家具		⊙ 板式家具的结合通常采用各种金属五金件连接，方便运输。因为基材打破了木材原有的物理结构，所以在温、湿度变化较大的时候，人造板的形变要比实木小得多，性能要比实木家具稳定

6. 常见装饰品的选用设计

现代风格不拘泥于传统的逻辑思维方式，探索创新的造型手法，追求个性化。在软装饰品的搭配中常把夸张变形的，或是具有现代符号的饰品融合到一起。

现代风格常见装饰品

种 类	图 例	简 介
抽象艺术画		抽象艺术画具有强烈的形式构成，将其挂在现代风格家居的墙面上，不仅可以提升空间品位，还可以达到释放整体空间感的效果 沙发背景墙、卧室背景墙、书房、过道侧面均可采用抽象艺术画装饰
金属、玻璃灯具		灯具采用金属、玻璃作为灯罩，搭配金色、银色等金属色，可以塑造出个性而独具品位的居室空间 在客餐厅中布置金属、玻璃的造型灯，可为空间增添美感
玻璃饰品		玻璃饰品不仅自带了玻璃材料的通透感和折射感，搭配不同的造型，更给空间带来了立体感 小型的玻璃制品可选择靓丽的色彩，摆放在客厅茶几或角几上，作为现代风格的点睛之笔

续表

种 类	图 例	简 介
不锈钢落地灯		⊙ 不锈钢灯罩可形成晶莹明亮的高光部分，对空间环境的效果起到强化和烘托的作用 ⊙ 落地灯造型大气简单，曲线造型丰富了空间层次
造型花瓶		⊙ 金属切割，棱角分明，带有浓厚的现代气息 ⊙ 造型独特时尚，能够成为视觉亮点，为空间增添与众不同的装饰效果
几何图案布艺		⊙ 几何图案布艺令整体空间充满造型感和无限的张力，同时体现现代风格创新、个性的理念 ⊙ 几何图形其本身具有的图形感，也可以成为现代风格的居室中装饰设计的最佳助手
抽象金属饰品		⊙ 抽象几何形态的金属制品点缀在现代风格的空间中，可以彰显工业气息 ⊙ 金属自带的光亮感，令空间更有时尚氛围

二、简约风格

1. 简约风格设计理念

简约主义源于20世纪初期的西方现代主义。西方现代主义源于包豪斯学派，包豪斯学派提倡功能第一的原则，提出适合流水线生产的家具造型，在建筑装饰上提倡简约。简约风格的特色是将设计的元素、色彩、照明、原材料简化到最少的程度，但对色彩、材料的质感要求很高。因此，简约的空间设计通常非常含蓄，往往能达到以少胜多、以简胜繁的效果，满足人们对空间环境感性的、本能的和理性的需求。

◀ 简约并不是缺乏设计要素，而是更高层次的创作境界

2. 简约风格配色表现

现代简约风格家居的色彩设计，通常以黑、白、灰色为大面积主色，搭配亮色进行点缀，黄色、橙色、红色等高饱和度的色彩都是较为常用的色调。这些颜色大胆而灵活，作为点缀色使用，不单是对简约风格的遵循，也是个性的展示。

简约风格配色

▲ 白色为主的空间以红色点缀，令空间增加靓丽、热烈的氛围

▲ 白色与高明度冷色系搭配，具有清爽、冷静的效果

3. 造型、图案的体现

简约风格给人的感觉就是整洁、利落。因此，家居设计中往往不会出现烦琐的线条及造型，多用直角和直线来表达空间构成。另外，简约风格中也会用到几何图形，来作为空间装饰图形出现，但一般只是小面积使用。

▲ 利落的直线条使空间更显理性

▲ 小面积的几何图案点缀，丰富空间层次感

4. 材料选用与设计

简约风格在材料的选用上依然遵循简洁、实用的理念，一般花费不会很高，但却可以充分营造出风格特点，像涂料、壁纸、抛光砖、通体砖、石膏板造型等，都是简约风格的家居中常见的风格材料。

▲ 纯色涂料营造出简约、雅致的空间效果

▲ 纹路壁纸充满舒适自然的氛围

5. 家具特征及常见种类

简约风格的家具，讲究的是设计的科学性与使用的便利性，主张在有限的空间发挥最大的使用效能。家具选择上强调让形式服从功能，一切从实用角度出发，废弃多余的附加装饰，点到为止。

简约风格常见家具

种 类	图 例	简 介
带收纳功能的家具		⊙ 体量较小，且带有一定的收纳功能，既不会占用过多空间，也会令整体空间显得更加整洁 ⊙ 常见的家具有带有收纳功能的电视柜、茶几、睡床等
直线条家具		⊙ 横平竖直的家具不会占用过多的空间面积，令空间看起来干净、利落 ⊙ 空间适用范围广，常出现在几案类或柜体类家具中，集实用与美观为一体
巴塞罗那椅		⊙ 简单的双 X 形镀铬的钢管椅腿，加上柔软的皮革坐垫及靠背，外形优美、简洁，使空间呈现出简约而不简单的生活气息

续表

种 类	图 例	简 介
MIU 椅		⊙ 金属加异形木质材料制作而成的座椅 ⊙ 坐面采用人体工程学设计，舒适感油然而生
曲线潘顿椅		⊙ 外观时尚大方，有种流畅大气的曲线美，舒适典雅，符合人体的身材 ⊙ 色彩十分艳丽，具有强烈的雕塑感，整体造型简约却不失设计感
多功能组合茶几		⊙ 多功能家具解决了杂乱的物品堆放问题，多用途功能节约空间，却能满足生活日常需求
低矮家具		⊙ 低矮家具不会阻拦视线，让空间看起来更加简洁、宽敞 ⊙ 轻盈的体积不会如大型家具般带来沉重感

6. 常见装饰品的选用设计

由于简约家居风格的线条简单、装饰元素少，因此软装到位是简约风格家居装饰的关键。配饰选择应尽量简约，没有必要为显得“阔绰”而放置一些较大体积的物品，尽量以实用方便为主；此外，简约家居中的陈列品设置应尽量突出个性和美感。

简约风格常见装饰品

种 类	图 例	简 介
黑白装饰画		◎ 黑白装饰画即画作图案只运用黑白灰三色完成，画作内容可具体，可抽象 ◎ 黑白装饰画运用在简约风格的背景墙上，既符合其风格特征，又不会喧宾夺主
纯色地毯		◎ 最好选择纯色地毯，这样就不用担心过于花哨的图案和色彩与整体风格冲突 ◎ 对于客厅、卧室等经常用到的空间软装来说，纯色的地毯也更加耐看
鱼线形吊灯		◎ 鱼线形吊灯用其简单的直线造型结构展现了简约风格的随性特点 ◎ 外形明朗、简洁，配上简单的灯泡光源，形成了独特的简约美，在凸显现代简约家居风格的同时，还提升了空间的品质

续表

种 类	图 例	简 介
无框画 / 抽象画		⊙ 无框画摆脱了传统画边框的束缚，具有原创画味道。选择一组无框画装饰墙面，与简约风格的居室追求简洁的观念不谋而合 ⊙ 将无框画或简洁的抽象画点缀在墙面，不仅可以提升空间品位，还可以达到释放整体空间感的效果
素色纱帘		⊙ 现代简约家居风格中的窗帘多为朦胧的素色纱帘，可以令空间充满自然的采光 ⊙ 窗帘在淡雅、静谧的空间里，不会破坏居室的清爽气息，充分体现出简约风格力求给人带来的干净、舒适诉求
铁艺三脚落地灯		⊙ 简单的铁艺支撑架，三脚支撑的设计十分有想法，整体线条干净利落，十分符合简约风格居室
吸顶灯		⊙ 外形简单大方，可以紧密地吸附在空间上方，无其他装饰的垂坠，非常适合用于简约风格，可以满足其极简主义的诉求 ⊙ 简洁的外形，在凸显现代简约家居风格的同时，还提升了空间品质

三、北欧风格

1. 北欧风格设计理念

北欧设计学派主要是指欧洲北部四国挪威、丹麦、瑞典、芬兰的室内与家具设计风格。在20世纪20 年代，为大众服务的设计主旨决定了北欧风格设计风靡世界。北欧风格将德国的崇尚实用功能理念和其本土的传统工艺相结合，富有人情味的设计使得它享誉国际。它逐步形成系统独特的风格于40 年代。北欧设计的典型特征是崇尚自然、尊重传统工艺技术。

北欧设计既注重设计的实用功能，又强调设计中的人文因素，同时避免过于刻板的几何造型或者过分装饰，恰当运用自然材料并突出自身特点，开创一种富有“人情味”的现代设计美学。

◀ 结合北欧的地域特征进行空间设计

2. 北欧风格配色表现

北欧风格的家居配色浅淡、洁净、清爽，给人一种视觉上的放松感。背景色大多为无彩色，也会出现浊色调的蓝色、淡山茱萸粉等，点缀色的明度稍有提升，像明亮的黄色、绿色都是很好的调剂色彩。此外，还会用到大量的木色来提升自然感，以及利用黄铜色的装饰来体现精致与时尚。

北欧风格配色

▲ 淡蓝色调最具清爽感

▲ 明亮黄色点缀，效果明快

3. 造型、图案的体现

北欧风格的家居中，设计线条明朗而流畅，基本都利用直线设计的形态或形式，并且十分注重细节的处理。另外，北欧风格室内的顶、墙、地六个面，完全不用纹样和图案装饰，只用线条、色块来区分点缀。

▲ 直线条形式简洁又富有设计感

▲ 空间利用墙面色块区分，更有简洁的层次感

4. 材料选用与设计

天然材料是北欧风格的灵魂，其本身所具有的柔和色彩、细密质感以及天然纹理非常自然地融入到家居设计之中，展现出一种朴素、清新的原始之美。以外，北欧风格常用的装饰材料还有石材、玻璃和铁艺等，但都无一例外地保留了材质的原始质感。

▲ 布艺、木材等天然材料的运用，增加了空间的温暖度；烤漆铁艺灯具、玻璃花器等装点了空间

5. 家具特征及常见种类

北欧风格的家具简洁流畅，完全不使用雕花及纹饰。另外，北欧风格的家具选材独特，注重功能，且充溢着丰富的想象力。除了简洁这一主要特性外，北欧家具还具有符合人体力学的曲线设计，因此实用性也较强。

北欧风格常见家具

种 类	图 例	简 介
板式原木家具		将不同规格的人造板材，以五金件连接的家具，可以变幻出千变万化的款式和造型，十分适合北欧风格 色彩柔和，天然纹理细密，可将自然气息融入家居空间，展示舒适、清新的原始美
布吉·莫根森两人位沙发		拥有简单的线条、饱满坐垫和精细做工，扶手和靠背的高度确保了使用者的最大舒适度 适合小户型的北欧居室，彰显温馨感，又不会过多占用空间
伊姆斯椅		造型圆润，工艺精细，没有任何烦琐的修饰 设计理念完全追求舒适度，符合人体工学的坐感需求 空间适用范围广，常出现在餐椅之中，也可以作为客厅和卧室中的单椅，集实用与美观为一体

续表

种类	图例	简介
符合人体工学的家具		⊙ 流畅的曲线线条，没有多余的修饰，简单明了地展现着设计感 ⊙ 符合人体曲线的设计，在保证美观的前提下，还契合了人们对舒适、健康生活的需求
圆茶几		⊙ 利用上等的枫木、橡木、云杉、松木和白桦作为主要材料，其本身所具有的柔和色彩、细密质感以及天然纹理非常自然地融入到设计之中，展现出一种朴素、清新的原始之美 ⊙ 圆润的线条造型，显得小巧灵动，可根据需要随意摆放，满足对实用功能的追求
布艺＋木框架家具		⊙ 布艺与实木的结合，将极简主义展现得淋漓尽致 ⊙ 简洁自然的原木框架，代表了回归自然、崇尚原木韵味，外加朴素、柔和的布艺搭配，展现了北欧风格追求自然的理念
低矮边柜		⊙ 低矮的边柜不占用过多的空间，灵巧的造型却拥有强大的收纳功能 ⊙ 融入现代感的设计方式，使用原木打造，将古朴与潮流结合，展现出天人合一的自然气氛

6. 常见装饰品的选用设计

北欧风格注重个人品位和个性化格调，饰品不会很多，但很精致。常见简洁的几何造型或各种北欧地区的动物。另外，鲜花、干花、绿植是北欧家居中经常出现的装饰物，不仅契合了北欧家居追求自然的理念，也可以令家居容颜更加清爽。

北欧风格常见装饰品

种 类	图 例	简 介
照片墙		◎ 轻松、灵动的身姿可以为北欧家居带来律动感 ◎ 相框可以采用木质、金属材质，吻合风格特征 ◎ 画面题材范围广泛，水果、绿植、自然景观、几何图形均可，这种图案也适合墙面装饰画
“鹿”造型装饰		◎ 鹿头壁挂装饰空间墙面，可避免墙面的单调感，也会令家居氛围充满自然气息 ◎ 也可以采用梅花鹿造型的台灯、工艺品来提升空间格调
绿植 / 干花		◎ 常见绿植有琴叶榕、天堂鸟、虎尾兰、龟背竹、散尾葵、仙人掌等，可搭配藤编、水泥、黄铜材质的花盆 ◎ 干花中的尤加利叶也常出现，形成强烈的文艺气息，可搭配药瓶造型的玻璃花瓶

续表

种 类	图 例	简 介
网格架		⊙ 常见黑色和白色，造型简洁，不占用空间 ⊙ 可以用照片、绿植等进行装饰，具有文艺气息 ⊙ 是办公桌墙面的常见装饰
谷仓门		⊙ 谷仓门具有节约空间、安装方便、装饰性强的优点 ⊙ 原木色谷仓门材质天然，与北欧风格的气质相符，也常见朱红色、亮黄色、果绿色、黑色的谷仓门，丰富空间配色
马卡龙几何吊灯		⊙ 柔和甜美的马卡龙色，搭配棱角造型，散发着活泼的气息 ⊙ 不动声色地强调出北欧风格对于品质的追求
药瓶插花		⊙ 修长、广口，瓶身或贴着标签或是看不懂的复杂蝌蚪字，瓶口带有些许磨砂质感的药剂瓶 ⊙ 搭配尤加利叶、龟背竹、大丽花等植物，能瞬间融入任何场合，冷淡的模样与北欧风格十分搭配

四、工业风格

1. 工业风格设计理念

工业风起源于 19 世纪末的欧洲，就是巴黎地标——埃菲尔铁塔被造出来的年代。很多早期工业风格家具，正是以埃菲尔铁塔为变体。它们的共同特征是金属集合物，还有焊接点、铆钉这些公然暴露在外的结构组件；当然，更靠后的设计又融进了更多装饰性的曲线。第二次世界大战后，美国在材料和工艺运用上日趋成熟，塑料、板材、合金等更丰富的材料越来越多地被运用到工业家具设计里。

工业风格的居室最好拥有足够开敞和高度的空间，比如Loft 住宅、老房子、餐厅，或者直接由工厂或仓库改造而成。材料多运用工业材料，如金属、砖头、清水墙、裸露的灯泡，适当暴露点建筑结构和管

道，墙面有些自然的凹凸痕迹。

◀ 借鉴裸露、粗犷的设计理念形成风格特色

2. 工业风格配色表现

工业风格在色彩挑选方面，大多采用水泥灰、红砖色、原木色等作为主体色彩，再增添些亮色配饰，为空间添加柔美感。如果想令空间更加个性，可以选择黑白灰与红砖色调配，混搭交织，可以创造出更多的层次变化，添加房间的时尚个性。

工业风格配色

▲ 厚重的原木色产生狂野气息

▲ 黑白色与红砖色形成个性的视觉效果

3. 造型、图案的体现

工业风格的造型和图案也打破了传统的形式，扭曲或不规则线条、斑马纹、豹纹或其他夸张怪诞的图案广泛运用，来凸显工业气质。工业家居中的空间造型常由曲线和非对称线条构成，展现出强烈的视觉冲击力。在装饰形状与图案上，几何形状、怪诞型图案、斑马纹等较为常见，被广泛地应用在墙面、栏杆、窗棂和家具等装饰物上。

▲ 不规则的线索悬浮吊灯给方正空间带来随性的惬意感

▲ 怪诞图案展现张扬不羁的个性

4. 材料选用与设计

工业风格家居中，会大量使用到金属构件，体现出工业风格的冷调效果；而像红砖、水泥，则是极具代表性的装饰材料，将工业风格的粗犷美展露无余；另外，也会将玻璃、瓷砖、陶艺等材质综合地运用于室内装修中。

▲ 红砖墙将工业风的原始感展现得淋漓尽致

5. 家具特征及常见种类

工业风格中的家具不同于传统家具或横平竖直、或圆润的造型，而是利用线条的组合、拼接、断裂，形成让人眼前一亮的家具结构。在材质上也往往会拒绝单一材质，而是将两种以上的材质进行合理搭配，形成独具创意性的风格家具。

工业风格常见家具

种类	图例	简介
水管风格家具		⊙ 以金属水管为结构制成的家具，如同为了工业风格独家打造 ⊙ 造型新颖，拥有特殊的设计感，十分适合工业风格
金属与木结合家具		⊙ 许多金属制的桌椅会用木板来作为桌面或者是椅面，如此一来，就能够完整地展现木纹的深浅与纹路变化 ⊙ 老旧、有年纪的木头，做起家具来更有质感
Tolix 金属椅		⊙ 线条轮廓简约流畅的 Tolix 金属椅，以其自身的独特性在工业风格的空间中成为最独特的装饰亮点 ⊙ 其满满的慵懒怀旧气质，也能和不同的家具完美搭配

续表

种　类	图　例	简　介
磨旧感的皮革家具		⊙ 人类使用皮革的历史十分久远，现在不管是欧美还是亚洲地区，都有许多各具特色的老牌皮匠工艺 ⊙ 工业风格搭配关键在于皮质的颜色与材质，选择带有磨旧感与经典色的皮革，能让生活空间更有复古的韵味
太空铝皮家具		⊙ 拥有流畅的线条、坚实的框架，十分吻合工业风格的沧桑感，充分展现出独特的空间特点 ⊙ 大多以充满冷质感的银白色为主色，将工业风格的冷峻气息表达得淋漓尽致
酒杯椅子		⊙ 形状类似酒杯造型，使用金属材质材料进行装饰，可以充分感受到工业风格的冷峻、时尚氛围 ⊙ 将其摆放在粗犷而充满颓废的家居空间中，装饰效果强烈
复古箱子茶几		⊙ 工业风格的居室中，一切老旧物件均可以展示其新的价值，常见的复古箱子茶几，既具有个性特征，也能充分展露出空间的复古情怀 ⊙ 除了购买品牌家具，也可以用家中的旧皮箱进行改造

6. 常见装饰品的选用设计

工业风格的装饰品讲求工业性与特立独行，其中，暴露的管线是最直接、也是最能体现风格特征的装饰品。另外，抽象的工艺品以其独具特色的艺术性，在工业家居中被广泛运用；而像一些具有斑驳与做旧效果的装饰也很适用。

工业风格常见装饰品

种 类	图 例	简 介
水管装饰品		◎ 如果空间内不好裸露水道管线，可以直接购买水管装饰品，固定在墙面，可达到强化工业风格的效果 ◎ 可采用水管风格的装饰物，如书架、灯饰等
旧皮箱装饰		◎ 旧皮箱是最能展现老旧工业感的装饰品，带着斑驳的历史痕迹，搭配鲜艳的色调，可以令工业风格空间更具年代感
齿轮装饰		◎ 特别适合工业风装饰风格的壁饰，像是从旧机器上直接拆解下来，使空间富有旧工厂的韵味

续表

种类	图例	简介
兽头装饰		⊙ 工业风喜爱使用兽头装饰进行搭配，从而打造出粗犷、豪放的空间氛围，因此，兽头装饰是工业风的装饰表达重点 ⊙ 可选择鹿头、羊头、牛头等造型
风扇装饰		⊙ 复古的风扇装饰品很有年代感，摆放在家具或地面上可彰显文艺气息
自行车装饰		⊙ 老式的自行车是工业时代的普遍交通工具，挂在红色的砖墙上，具有特殊的纪念意义
贾伯斯吊灯		⊙ 拥有金属的冷硬感，以及电镀铬色的工艺，具有鲜明的个性特征，因此在工业风格的家居中占有重要地位 ⊙ 形状仿照工业时代地下探照灯，经过改良和优化，形成更具工业感的灯具

五、中式古典风格

1. 中式古典风格设计理念

中式古典风格，一般是指明清以来逐步形成的中国传统风格的装修。这种风格最能体现中华民族的家居风范与传统文化的审美意蕴，因而长期以来一直深受人们的喜爱。中国自古以来严格的封建等级制度严格限定了不同阶层的建筑装饰使用不同的装饰与颜色。中国的祥瑞文化，如吉祥的图案、纹样、色彩、数字、典故等，影响了中式古典风格的装饰。

中式古典风格设计的特点是总体布局对称均衡，气势恢宏、端正稳健，而在设计细节上崇尚自然情趣，花鸟、鱼虫等精雕细琢，富于变化，充分体现出中国传统美学精神。

◀ 对称布局的家具和气势恢宏的造型，让中式古典风格呈现无限的壮丽感

2. 中式古典风格配色表现

中式古典风格的演绎以其特定的文化背景作为支撑，来传递特定文化氛围中人们的生活追求。中式古典风格擅长用浓烈而深沉的色彩来装饰，如象征着喜庆祥和的中国红，代表财富和权力的黄色系、蓝色系等。因此，中式古典风格的居室在色彩设计上，充分体现出中式情结。代表吉祥、喜庆的红色与作为皇室象征的黄色，都是居室中常见的色彩。另外，居室色彩不宜过于明快，以免打破优雅的居家生活情调。

▲ 红色软装带来喜庆感和活泼感

▲ 黄色点缀使空间变得大气、富贵

3. 造型、图案的体现

中式古典风格在形状与图案的选择上强调的是要凸显传统的中式特色，吸取了传统装饰“形”、“神”的特征。因此，在中式古典风格居室中常可以看到我国传统木构架建筑室内的藻井、天棚、挂落、雀替的构成和装饰形状，这些象征着圆满的圆形、拱形在中式家居中被广泛运用。另外，独具中式特色的冰裂纹、回字纹、祥云图案等也是常见的装饰图案。而牡丹、祥兽、福禄寿字样等，则体现出中式古典风格的美好寓意。在装饰图案上，同样崇尚自然情趣，花鸟、鱼虫等图案充分体现出中国传统美学精神。

▲ 拱形垭口极具中式古典韵味

4. 材料选用与设计

中式古典风格的主要特征为气势恢宏、沉稳大气，在材料的选择上应以质朴、厚重来吻合家居主体风格。其中，木材是中式古典风格中的主要建材，其天然的质感与色泽，可以充分凸显中式特征。另外，青砖、中式花纹壁纸等，也是塑造风格的好帮手。

▲ 实木材料增加古朴典雅的气质

5. 家具特征及常见种类

中式古典风格的家居环境中，家具的选择继承了传统文化中的规则、大方之美，多以木色为主，并以圆形和方形的形态出现，体现出天圆地方的东方文化审美。由于东方美学讲究对称，因此在中式风格的家居中常把相同的家具以对称的方式摆放。

中式古典风格常见家具

种 类	图 例	简 介
凳类家具		⊙ 造型上讲究线条美，不以繁缛的花饰取胜，而着重于外部轮廓的线条变化，给人强烈的线条美感 ⊙ 崇尚华丽气派，多种工艺和多种材料结合使用
桌案类家具		⊙ 形式多种多样，造型比较古朴、方正 ⊙ 主要功能是用于陈放古玩佳器或山石盆景，以供赏玩 ⊙ 可以根据不同的功能摆设于中式古典风格居室的特定位置，是一种非常重要的传统家具，更是家居中鲜活的点睛之笔
榻		⊙ 秉承传统文化，采用传统工艺，使用榫卯结构，打造出流畅的造型 ⊙ 一般狭长而低矮，比较轻便，用精致细腻的雕工，体现中式风格的大气典雅 ⊙ 将精湛技艺与古典美学相糅合的家具，可以彰显中式古典风格的优雅气质

续表

种类	图例	简介
博古架		◎ 博古架是一种在室内陈列古玩珍宝的多层木架，是类似书架式的木器 ◎ 博古架或倚墙而立、装点居室，或隔断空间、充当屏障，还可以陈设各种古玩器物，点缀空间，美化居室
中式架子床		◎ 中式架子床为汉族卧具，即床身上架置四柱或四杆的床，式样颇多、结构精巧、装饰华美 ◎ 装饰多以历史故事、民间传说、花马山水等为题材，含和谐、平安、吉祥、多福、多子等寓意
中式屏风		◎ 屏风作为中国传统家具的重要组成部分，历史由来已久 ◎ 屏风一般陈设于室内的显著位置，可以根据需要自由摆放、移动，与室内环境相互辉映，起到分隔、美化、挡风、协调等作用，是一种将实用性与欣赏性融于一体的家具
圈椅		◎ 起源于宋代的汉族传统家具，圈椅最明显的特征是圈背连着扶手，从高到低一顺而下 ◎ 坐靠时，可使人的臂膀都倚着圈形的扶手，感到十分舒适，颇受人们喜爱。造型圆婉优美，体态丰满劲健，是我国独具民族特色的椅子样式之一

6. 常见装饰品的选用设计

中式古典风格在装饰细节上崇尚自然情趣，家具饰品精雕细琢，富于变化，充分体现出中国传统美学精神。在住宅的细节装饰方面，以宫灯、书法装饰、文房四宝、木雕花壁挂、茶案为主。

中式古典风格常见装饰品

种类	图例	简介
书法装饰		◎ 书法是中华民族的文化瑰宝，并在世界艺术文化宝库中独放异彩。它历史悠久，注重真迹，不仅可以提高自身修养，还可以用作家居装饰作用 ◎ 这种古老的文化艺术，将传统的文化墨宝与深厚的民族韵味定格在居室空间，渲染文化氛围
宫灯		◎ 宫灯是中国彩灯中富有特色的手工艺品之一，以雍容华贵、充满宫廷气派而闻名于世 ◎ 主要是以细木为骨架，镶以绢纱和玻璃，并在外绘以各种图案的彩绘灯，置于居室空间，大而不空，厚而不重，营造一种温馨复古、古色古香的气氛
文房四宝		◎ 文房四宝为中国古代传统文化中的文书工具，即笔、墨、纸、砚，不仅具有极强的实用价值，也是融绘画、书法、雕刻、装饰等为一体的艺术品 ◎ 将其摆放在书房等空间，可以不动声色地彰显出中式古典文化的独特魅力

续表

种类	图例	简介
茶案		⊙ 茶在中国有着悠久的历史，具有传统特色 ⊙ 在客厅或书房中摆放茶案，既实用又美观，其精致的造型设计，秉承了传统文化与古典美学，可以营造出非比寻常的气质
木雕花壁挂		⊙ 木雕花壁挂的雕刻精美，且内容常为中国传统文化典故 ⊙ 用在墙面中作为装饰物，可以使空间氛围回归古雅，体现着中国传统家居文化的独特魅力
灯笼架落地灯		⊙ 灯笼在中国有着非凡的意义，象征着团圆，将其结合灯架设计成的灯笼架落地灯，具有深厚的古韵 ⊙ 将寓意吉祥的灯笼架落地灯结合古典的中式家具放置于居室空间中，可以呈现出古色古香的家居氛围
古韵桌旗		⊙ 作为一种装饰，它常常被铺在桌子的中线或是对角线上 ⊙ 选择时，不仅要与家具的色调乃至居室整体装饰相协调，还要起到提升品位和格调的作用 ⊙ 选择一条有特色、有质感的桌旗，可让家中的布置更显高雅

六、新中式风格

1. 新中式风格设计理念

20 世纪末，随着中国经济的不断复苏，在建筑界涌现出了各种设计理念，稍后国学的兴起，也使得国人开始用中国文化的角度审视周身的事物，随之而起的新中式风格设计也被众多的设计师融入其设计理念。

新中式风格在设计上继承唐、明、清时期家具理念的精华，在对经典古典元素提炼的基础上加入了现代设计元素，摆脱原来复杂烦琐的设计功能上的缺陷，力求中式的简洁质朴。同时结合各种前卫的、现代的元素进行设计，令严肃、沉闷的中式古典风格变得更加赏心悦目。

◀ 古典与现代结合，让传统艺术在当今社会得到合适的体现

2. 新中式风格配色表现

新中式风格是对中式古典风格的提炼，将精粹与现代手法结合，色彩设计有两种形式：一是以黑、白、灰色为基调，搭配米色或棕色系作点缀，效果朴素；另一种是在黑、白、灰基础上以红、黄、蓝、绿等作为点缀色彩，此种方式对比强烈，效果华美、尊贵。

新中式风格配色

▲ 黑色、灰色为主，蓝色点缀，带来典雅大方之感

3. 造型、图案的体现

新中式风格在造型、图案的设计上以内敛沉稳的中国元素为出发点，展现出既能体现中国传统神韵，又具备现代感的新设计、新理念。空间装饰多采用简洁、硬朗的直线条。搭配梅兰竹菊、花鸟图等彰显文雅气氛。

▲ 直线条设计，展现东方内敛气质

▲ 花鸟图挂画点缀出新中式风格的自然情趣

4. 材料选用与设计

新中式风格的主材往往取材于自然，如用来代替木材的装饰面板、石材等，尤其是装饰面板，最能够表现出浑厚的韵味。但也不必拘泥，只要熟知材料的特点，就能够在适当的地方选用适当的材料，即使是玻璃、金属、花纹布艺等，一样可以展现新中式风格的韵味。

▲ 纹理清晰的石材，彰显温润韵味

5. 家具特征及常见种类

新中式的家居风格中，庄重繁复的明清家具的使用率减少，取而代之的是线条简单的新中式家具，并且融入现代化元素，使得家具线条更加圆润流畅，体现了新中式风格既遵循着传统美感，又加入了现代生活元素的理念。新中式家具以文化的韵味、混搭的材质、人性化的功能和设计，成为三代同堂家庭的共同选择。

新中式风格常见家具

种类	图例	简介
线条简练的中式沙发		◎ 融入了科学的人体工程学设计，具有严谨的结构和线条，沙发坐垫部分的填充物偏软，靠背部偏硬，加上特制的腰枕，贴合人体曲线，让设计更具人性化 ◎ 传统座椅上结合现代功能，如在明式家具上加上沙发垫等
无雕花架子床		◎ 继承传统中式架子床的框架结构，但在设计形式上却结合了现代风的审美视角，更为简洁、明快，选用的材料也更为舒适
圈椅		◎ 圈椅是新中式家居中常见的家具，其简练带有弧度的线条给直线条为主的家居中带来了点睛作用，使整体家居环境不显单调，展现出简洁而又富有造型感的空间氛围

续表

种类	图例	简介
简约化博古架		◎ 新中式的博古架设计突破了传统的全实木结构，加入了镜面、不锈钢收边条、石材等现代元素，而且没有传统中式的繁复雕花造型，更具线条感 ◎ 具有传统文化的博古架更具现代时尚感，同时却不失原本的中式风质感
陶瓷鼓凳		◎ 鼓凳是汉族传统家具之一，按字面理解，即为“像鼓一样的凳子”，又称绣墩，因为在鼓凳四周用丝绣一样的图画做装饰 ◎ 圆形的陶瓷鼓凳会给居室增添变化，视觉上非常舒服
简约玄关条案		◎ 条案是各种长条形几案的总称，是一种长方形的承具，与桌子的差别是因脚足位置不同而采用不同的结构方式 ◎ 在玄关处摆放线条简练的条案，不仅节约空间，还能体现居室风格特征
榫卯工艺家具		◎ 榫卯是极为精巧的发明，这种构件连接方式，使得中国传统的木结构成为超越了当代建筑排架、框架或者钢架的特殊柔性结构体 ◎ 榫卯工艺家具设计不同于传统手工艺品，完全是技巧的纯熟，为了装饰而装饰，取悦于人们的视觉观感

6. 常见装饰品的选用设计

以鸟笼、根雕、青花瓷等为主题的饰品，会给新中式家居营造出休闲、雅致的古典韵味。另外，中式花艺源远流长，可以作为家居中的点睛装饰；但由于中式花艺在家居中的实现具有局限性，因此可以用松竹、梅花、菊花、牡丹等带有中式特有标签的植物，来创造富有中式文化意韵的家居环境。

新中式风格常见装饰品

种 类	图 例	简 介
青花瓷		质地温和，质感温润，充满古典的韵味 这种古老的文化艺术，将传统的文化墨宝与深厚的民族韵味定格在居室空间，渲染文化氛围
仿古灯		造型上继承传统中式古典元素，再结合现代工艺，营造中式韵味 更强调古典和传统文化神韵的再现，因此图案上多出现如清明上河图、如意图、龙凤等中式元素，给人感觉宁静而古朴
水墨装饰画		水墨画是中国绘画的代表，可以很好地体现中式文化的底蕴 将水墨画元素融于家居设计中，可以很好地塑造出典雅、素洁的空间氛围 内容题材多样，多以花鸟或抽象写意为主，能很好地体现淡泊雅致之感

续表

种 类	图 例	简 介
根雕摆件		⊙ 根雕是中国传统雕刻艺术之一，是以树根的自生形态及畸变形态为艺术创作对象，通过构思立意、艺术加工及工艺处理，创作出人物、动物、器物等艺术形象作品 ⊙ 造型保留自然之形，展现了自然之美，为空间增添了朴素的艺术感
花鸟挂画装饰		⊙ 花鸟图案是新中式风格的构成要素，在家居中被广泛运用 ⊙ 在墙面悬挂花鸟挂画装饰，既可以将自然气息带入到家居中，使空间盈满轻松、悠闲的氛围；其丰富的图案和色彩，也是不可多得的绝佳装饰
笔挂装饰		⊙ 笔挂是挂笔的一种器具，材质常见木、石、金属等，其雕花往往极具中式古典美感，是一种装饰性极强的实用性物品 ⊙ 在家居空间中摆放一个笔挂，可以使空间充满文化气息，将古韵的文化延续到现今的家居生活中，将传统经典流传下去
灯笼吊灯		⊙ 灯笼吊灯的外形素雅，东方底蕴浓厚，并且传承了文化经典，将其运用在空间的照明装饰中，打造舒适、温馨的空间 ⊙ 与现代元素融合，不失其本色地将典雅文化气息带入空间

七、欧式古典风格

1. 欧式古典风格设计理念

欧式古典主义的初步形成，始于对文艺复兴运动推崇的和谐统一风格的反叛和冲击。在法国路易十四时代，表现为巴洛克风格；路易十五时代，表现为洛可可风格。欧式古典风格室内色彩鲜艳，光影变化丰富；设计强调精致华美的细节设计，既注重设计的实用功能，又追求奢侈华丽的视觉效果，同时擅长通过色彩的搭配点缀和细节装饰的渲染，来展现西方的文化艺术内涵。在欧式风格设计中，不论是空间设计还是家具的选择，都比较重视从细节之中展示繁复大气的欧式审美。

◀ 欧式风格整体大气典雅，细节渲染到位，充满精致的气息

2. 欧式古典风格配色表现

典型的古典欧式风格，以华丽的装饰、浓烈的色彩、精美的造型达到雍容华贵的装饰效果。在色彩上，欧式古典风格经常运用明黄、金色、红棕色等古典常用色来渲染空间氛围，可以营造出富丽堂皇的效果，表现出古典欧式风格的华贵气质。

▲ 浓烈的色彩渲染与金色的点缀，营造出富丽堂皇的欧式贵族感

▲ 白色系搭配深木色，体现典雅庄重

3. 造型、图案的体现

欧式古典风格中，涡卷与贝壳浮雕是常用的图案装饰，表面常采用漆底描金工艺，画出风景、人物、动植物纹。有些家具雕饰上包金箔。欧式古典风格的造型多以罗马柱、拱及拱券、壁炉等来营造豪华、大气、奢侈的感觉。

▲ 空间整体线条圆润流畅的古典之美

4. 材料选用与设计

在欧式古典风格的家居中，地面材料以拼花石材或者地板为主。在材料选用上，以高档红胡桃饰面板、天然石材、仿古砖、描金石膏装饰线等为主。墙面饰面板、古典欧式壁纸等硬装设计与家具在色彩、质感及品位上，需要完美地融合在一起。

▶ 实木家具搭配花纹壁纸，沉稳而不失华奢

5. 家具特征及常见种类

欧式古典风格的家具做工精美，轮廓和转折部分由对称而富有节奏感的曲线或曲面构成，并装饰镀金铜饰，艺术感强。常见的类型有兽腿家具、贵妃沙发床、床尾凳等。由于欧式家具的造型大多较为繁复，因此数量不宜过多，否则会令居室显得杂乱、拥挤。

欧式古典风格常见家具

种 类	图 例	简 介
兽腿家具		◎ 做工精美，轮廓和转折部分由对称而富有节奏感的曲线或曲面构成，并装饰镀金铜饰，艺术感强 ◎ 繁复流畅的雕花，可以增强家具的流动感，也可以令家居环境更具质感
欧式四柱床		◎ 四柱床起源于古代欧洲贵族，后来逐步演变成利用柱子的材质和工艺来展示主人的财富，在古典欧式风格中运用广泛
贵妃榻		◎ 外形高贵，造型优美，曲线玲珑；沙发靠背弯曲，靠背和扶手浑然一体，可以用靠垫坐着，也可把脚放上斜躺 ◎ 将贵妃榻摆放在欧式古典风格的家居中，可以传达出奢美、华贵的宫廷气息

续表

种类	图例	简介
床尾凳		⊙ 床尾凳并非卧室中不可缺少的家具，但却是欧式古典家居中很有代表性的设计，具有较强的装饰性和少量的实用性 ⊙ 对于经济状况比较宽裕的家庭建议选用，可以从细节上提升卧房的品质
雕花实木家具		⊙ 欧式古典风格的家具以雕花实木材质为主。常用的材料有：橡木、桃花心木、胡桃木、蟹木楝等名贵材质，完美体现欧美家具厚重耐用的特质 ⊙ 雕刻部分采用圆雕、浮雕或是透雕，尊贵典雅，融入了浓厚的欧洲古典文化
皮质软包家具		⊙ 软包是指一种在表面用柔性材料加以包装的装饰方法，使用的真皮材料质地柔软，造型很立体，能够柔化整体空间的氛围 ⊙ 一般可用于家具中的沙发、椅子、床头等位置 ⊙ 其纵深的立体感亦能提升家居档次，因此也是欧式古典家居中常用到的装饰材料
色彩鲜艳的古典家具		⊙ 经过古希腊、古罗马时期之后，欧式古典家具更偏重于精雕细刻、富于装饰性的家具 ⊙ 颜色艳丽、奢华的古典家具，可让人深刻感受到实用与美观的完美结合，享受超越功能之外的视觉盛宴

6. 常见装饰品的选用设计

欧式古典风格在配饰上，以华丽、明亮的色彩，配以精美的造型达到雍容华贵的装饰效果。局部点缀绿植鲜花，营造出自然舒适的氛围。如沉醉奢华的水晶灯，营造出精致、华贵的居室氛围；金框西洋画利用透视手法营造空间开阔的视觉效果；雕像则充满动感，富有激情。

欧式古典风格常见装饰品

种类	图例	简介
水晶吊灯		⊙ 在欧式风格的家居空间里，灯饰设计应选择具有西方风情的造型，比如水晶吊灯 ⊙ 给人以奢华、高贵的感觉，很好地传承了西方文化的底蕴
罗马帘		⊙ 欧式古典罗马帘自中间向左右分出两条大的波浪形线条，是一种富于浪漫色彩的款式，其装饰效果非常华丽，可以为家居增添一分高雅古朴之美 ⊙ 罗马帘常用于大型的落地窗，小型窗户使用会略显臃肿
金框西洋画		⊙ 在欧式古典风格的家居空间里，可以选择用西洋画来装饰空间。其中以油画为主，其特点是颜料色彩丰富鲜艳，能够充分表现物体的质感，可以营造出浓郁的艺术氛围，表现业主的文化涵养 ⊙ 欧式古典风格选用线条烦琐、看上去比较厚重的金边画框，才能与之匹配

续表

种类	图例	简介
雕像		⊙ 欧洲雕像有很多著名的作品，在某种程度上，可以说欧洲承载了一部西方的雕塑史。因此，一些仿制的雕像作品也被广泛地运用于欧式古典风格的家居中，体现出一种文化与传承 ⊙ 将其摆放在楼梯两侧、客厅角落等空间，可以不动声色地彰显出古典欧式的独特魅力
壁炉		⊙ 壁炉是西方文化的典型载体，拥有浓郁的贵族宫廷色彩，以其优雅的造型和独特的品位来诠释生活的尊贵 ⊙ 在欧式古典风格的家居中，既可以设计一个真壁炉，也可以设计一个壁炉造型，皆可营造出西方生活的情调
古典雕花装饰镜		⊙ 装饰镜框带有繁复的花纹，力求凸显高品质的生活 ⊙ 一般多装饰在玄关背景墙及壁炉背景墙，可以将空间的奢华、大气氛围展现得恰如其分
华丽造型灯具		⊙ 古典欧式灯具以华丽的装饰、浓烈的色彩、精美的造型来达到雍容华贵、富丽堂皇的空间效果 ⊙ 材质上多以树脂、纯铜、锻打铁艺为主。其中，树脂灯造型较多，可有多种花纹，贴上金箔银箔显得颜色亮丽、色泽鲜艳；纯铜、铁艺等造型相对简单，但更具质感

八、新欧式风格

1. 新欧式风格设计理念

纯正的古典欧式室内设计风格适用于大户型与大空间，在中等或较小的空间里则容易给人造成一种压抑的感觉，于是设计师们便利用室内空间的解构和重组，将欧式风格加以简约化、质朴化，打造一个看上去明朗宽敞舒适的家。新欧式风格是经过改良的古典主义风格，高雅而和谐是其代名词。在家具的选择上，既保留了传统材质和色彩的大致风格，又摒弃了过于复杂的肌理和装饰，简化了线条。

◀ 改良古典主义仍然可以很强烈地感受传统的历史痕迹与浑厚的文化底蕴

2. 新欧式风格配色表现

新欧式风格是将现代材料及工艺与欧式古典风格的提炼结合，仍然具有传承的浪漫、休闲、华丽大气的氛围，但比传统欧式更清新、内敛。色彩设计高雅而唯美，多以淡雅的色彩为主，白色、象牙白、米黄色、淡蓝色等是比较常见的主色，以浅色为主、深色为辅的搭配方式最常用。

新欧式风格配色

▲ 整体空间以象牙白为主色，搭配淡雅的绿色或黄色，呈现出简约的奢侈感

▲ 蓝色和金色点缀白色系空间，带来轻奢感

3. 造型、图案的体现

古典欧式的花饰、造型繁多，而新欧式风格则以简洁的线条代替复杂的花纹，如墙面、顶面采用简洁的装饰线条构建层次。软装则加入大面积欧式花纹、大马士革图案等，为空间增添欧式风情。

▲ 象牙白的装饰线营造出造型感，搭配宝蓝色的座椅，令空间显得干净而优雅

4. 材料选用与设计

新欧式风格软装饰充分利用现代工艺，使玻璃、铁艺、石材、瓷砖、陶艺制品、欧式花纹壁纸等综合运用于室内。铁艺是新欧式风格中不可缺少的装饰材质，常出现在楼梯栏杆以及铁艺家具中。而像水晶珠串、天鹅绒、金属这类可以体现出一定华贵感的材质也较为常用。在工艺上，新欧式风格中常见雕刻、镀金、嵌木、镶嵌陶瓷等。

▲ 玻璃和石材的运用呈现华美视觉效果

5. 家具特征及常见种类

新欧式风格的家具一般会选择简洁化的造型，减少了古典气质，增添了现代情怀，充分将时尚与典雅并存的气息流于家居生活空间。新欧式风格的家具主要强调力度、变化和动感，沙发华丽的布面与精致的描金互相配合，把高贵的造型与地面铺饰融为一体。

新欧式风格常见家具

种类	图例	简介
描金漆 / 银漆家具		黑色漆地或红色漆地与金色 / 银色的花纹相衬托，具有异常纤秀典雅的造型风格，是简欧风格家居中经常用到的家具类型 着力塑造出尊贵又不失高雅的居家情调
简化线条的复古家具		线条简化的复古家具虽然摒弃了古典欧式家具的繁复，但在细节处还是多见精致的曲线或图案，令家居空间优雅与时尚共存，适合当代人的生活理念
高靠背扶手椅		在新欧式客厅中高靠背扶手椅的运用广泛，既有扶手布满精美浮雕纹样的样式，也有简洁的布艺或皮质包裹的样式 无论何种样式，都将新欧式风格的客厅点染出浓郁华贵的情调，同时也为居住者带来惬意的生活感受

续表

种类	图例	简介
雕花高背床		⊙ 精美的雕花在欧式风格中较为常见，带有雕花的高背床运用在新欧式风格卧室中，在摒弃繁杂的花纹后，以高雅、和谐的雕花凸显风格特征
软包椅		⊙ 将古典软包样式简化，与现代家具结合，形成新欧式独特的风格家具特色 ⊙ 纵深的立体感亦能提升家居档次，因此也是欧式家居中常用到的装饰材料
皮面高脚椅		⊙ 皮面材质带着低调的奢侈感，没有过于夸张的奢华气息，搭配高脚椅，呈现别具一格的气质形象
猫脚家具		⊙ 猫脚家具的主要特征是用扭曲形的腿来代替方木腿，这种形式打破了家具的稳定感，使人产生家具各部分都处于运动之中的错觉 ⊙ 猫脚家具富有一番优雅情怀，令新欧风居室满满都是轻奢浪漫味道

6. 常见装饰品的选用设计

新欧式风格注重装饰效果，用室内陈设品来增强历史文脉特色，往往会照搬古典设施、家具及陈设品来烘托室内环境气氛。同时，简欧风格的装饰品讲求艺术化、精致感，如金边欧风茶具、金银箔器皿、玻璃饰品等，都是很好的点缀物品。

新欧式风格常见装饰品

种类	图例	简介
天鹅饰品		◎ 天鹅陶艺品是经常出现的装饰物，不仅因为天鹅是欧洲人非常喜爱的一种动物，而且其优雅曼妙的体态，与新欧式风格追求优雅、浪漫的情调相符 ◎ 天鹅饰品可摆放在客厅边几或卧室边柜上，彰显独特的浪漫格调
星芒装饰镜		◎ 星芒装饰镜不仅有镜面扩大空间感的效果，而且金色的边框极具装饰作用，与家具非常匹配 ◎ 一般悬挂在沙发背景墙的中央或一进门的玄关墙面上
油画		◎ 油画是欧式经常用到的装饰品，但新欧式风格的挂画和欧式古典有些不同，边框不会做得非常烦琐，通常会做简单的描金处理 ◎ 新欧式风格的油画相对来说优雅、精致，可悬挂在玄关墙面、沙发背景墙、床头背景墙等部位装点

续表

种类	图例	简介
欧式茶具		⊙ 欧式茶具不同于中式茶具的素雅、质朴，而呈现出华丽、圆润的体态，通常带有描金处理，用于新欧式风格的家居中，可以提升空间的美感 ⊙ 一般摆放在客厅的茶几上，闲暇时光还可以用其喝一杯香浓的下午茶，可谓将实用与装饰结合得恰到好处
欧式烛台吊灯		⊙ 新欧式风格家居中的灯具外形相对欧式古典风格简洁许多，在新欧式风格中出现频率最多的是精致又富有特色的灯具 ⊙ 较为常见的有欧式烛台吊灯，这种吊灯减少了欧式风格的古韵，却不乏优雅身姿，与新欧式风格的轻奢感高度吻合
高脚水果盘		⊙ 高脚水果盘具有大气、简洁的轮廓，以及优美、流畅的造型，散发出浓郁的浪漫气息，且充满艺术感 ⊙ 将其放置在新欧式风格的家居中，盛满新鲜的果子，营造出休闲时光，既美观，又实用
国际象棋		⊙ 国际象棋又称欧洲象棋或西洋棋，它在西方国家很受欢迎，是集艺术、科学、知识为一身的脑力游戏，具有浓厚的欧洲文化色彩 ⊙ 摆放在新欧式风格的空间中，体现了西式文化风情，使空间风格感呼之欲出

九、法式乡村风格

1. 法式乡村风格设计理念

法式乡村风格是一种推崇优雅、高贵和浪漫的室内装饰风格，讲究在自然中点缀，追求色彩和内在的联系。法式风格往往不求简单的协调，而是崇尚冲突之美。法式乡村风格随意、自然、不造作的装修及摆设方式，营造出欧洲古典乡村居家生活的特质，设计重点在于拥有天然风味的装饰及大方不做作的搭配。一般会运用洗白手法真实呈现木头纹路的原木材质，图案基本为方格子、花草图案、竖条纹等。细节方面，可使用自然材质家具，如藤编家具、野花与干燥花。法式乡村风格少了一点美式乡村的粗犷，多了一点大自然的清新和普罗旺斯的浪漫。

◀ 自然而随性的乡村环境影响着室内风格呈现

2. 法式乡村风格配色表现

由于法国人比较喜欢白、蓝、红三种颜色，因此，在色彩设计上应以明媚的色彩设计方案为主色调，用明快的色彩营造空间的流畅感，忌用过于馥郁浓烈的色彩以及强色彩对比来表现法式乡村风格。法式乡村风格的色彩主要以柔和、优雅为主，同时由于法式乡村风格非常具有女性化特征，因此浅粉、红色等女性色系，都是十分适合法式乡村风格的色彩。

▲ 明快的色彩和软装搭配让法式乡村风情彰显丰盈而快乐的格调

3. 造型、图案的体现

法式乡村风格往往会体现出浓郁的女性化特征，因此，各种花边在布艺装饰中的运用十分广泛。另外，独具法式风情的图案，以及花草图案也常常被运用到墙面或软装饰品的设计之中，而曲线、弧形等线条则能令空间更具柔美特色。另外，埃菲尔铁塔、香水、鸢尾、云雀等具有法式风情的图案会运用到家居的设计中，体现出法式风格的浪漫、唯美特征，也令家居中的自然气息更加浓郁。

▲ 浪漫的花草纹样使法式风格更具自然感

4. 材料选用与设计

法式乡村风格追求自然，因此在材料的选择上也多为自然材质，如木、藤等。其中，木材以樱桃木和榆木居多。而像花砖、花纹壁纸这些能很好地体现女性特征的材料，在家居中也会经常用到。另外，造型优雅、唯美的铁艺，也是法式乡村风格中的常见材料。

▲ 木纹装饰墙板营造自然的氛围

5. 家具特征及常见种类

法式乡村家具的尺寸一般来讲比较纤巧，而且家具非常讲究曲线和弧度，极其注重脚部、纹饰等细节的精致设计。很多家具还会采用手绘装饰和洗白处理，尽显艺术感和怀旧情调。此外，一些仿法式宫廷风格的家具，在条件允许的情况下，也可以选择使用。

法式乡村风格常见家具

种 类	图 例	简 介
象牙白家具		◎ 象牙白可以给人带来纯净、典雅、高贵的感觉，结合灯光设计，更显柔和、温情 ◎ 拥有着田园风光般的清新自然之感，因此很受法式乡村风格的喜爱
铁艺家具		◎ 以意大利文艺复兴时期的典雅铁艺家具风格为主流 ◎ 材质高冷，形态各异，在法式乡村风格中常常以优美、简洁的造型出现，从细节上令整个家居环境更有艺术性和精致感
碎花布艺家具		◎ 碎花布艺带有女性的气息，将女性的柔美融入生硬的家具设计之中，体现了法式乡村生活的优雅气息 ◎ 一般可以小面积地使用，从而增添浪漫的气氛

续表

种类	图例	简介
尖腿家具		◎ 法式乡村风格的家具尺寸纤巧、讲究，摒弃了奢华、繁复，保留了纤细、美好的曲线，天然又不失装饰美感 ◎ 特别注重家具脚部和细节部分的精细处理，常见尖腿造型，给人柔和、浪漫感，却又能体现出乡村风格的温馨、舒适
手绘家具		◎ 法式乡村风格中的手绘家具多以白色为底，上面描出俊秀、精致的图案，如绿草枝蔓，甜蜜花卉等；也可见浊色调绿色、蓝色、灰色为底色的手绘家具，体现出法式风格用色的雅致感 ◎ 一般在法式乡村风格中，手绘家具常见玄关柜、边几、床头柜等小型家具
无雕花高背床		◎ 法式乡村家具可以小范围地使用仿宫廷式的家具，可以为空间增添复古韵味 ◎ 无雕花高背床没有过多的精致和奢华感，反而多出了甜美柔和的浪漫感，呈现出优雅、慵懒的氛围
纯色软包家具		◎ 立体的造型设计，带有复古的欧式风情，使用艳丽的色彩搭配，可以恰如其分地突出空间的精致感与装饰性

6. 常见装饰品的选用设计

法式乡村风格家居中的饰品一定要体现出浓郁的田园风情，以及唯美的女性化特征。因此，粗糙的陶罐、手绘图案的钵碗、藤制编织的篮筐是很常见的装饰。 此外，在窗台上最好摆放几盆新鲜的香草植株，或者在墙壁、窗沿下悬挂几束干燥的香草枝，极尽法式情怀。

法式乡村风格常见装饰品

种 类	图 例	简 介
藤制花篮 + 薰衣草		⊙ 普罗旺斯大片的薰衣草田可谓是法国的标签，体现出法式的唯美与浪漫 ⊙ 在餐桌、客厅等处或摆放一瓶薰衣草花束，或将干燥薰衣草挂在墙壁上，与藤制花篮结合，直接传达一种自然浪漫气息
木质钟表		⊙ 由于法式乡村风格追求自然感，因此会大量运用到木材，其装饰品也不例外 ⊙ 在墙面装饰中，常见带有彩绘图案的木质钟表，既有实用性，又不乏装饰性，为法式乡村风格的居室带来别具风情的美感
陶制 / 铁质花器		⊙ 法式乡村风格追求淳朴、自然的氛围，常用一些做旧的陶艺、铁艺花器搭配向日葵等乡村的花朵，彰显怀旧情调 ⊙ 在餐桌、茶几或边几上均可摆放

续表

种类	图例	简介
花朵造型灯具		⊙ 花朵这一元素适用于任意的田园风格，在法式乡村风格的居室中也不例外，是一种常见的装饰性元素 ⊙ 除了常见的花朵布艺装饰，法式乡村风格的居室中，还会见到花朵造型的灯具。浪漫的造型既充满自然感，也与法式追求精致生活的诉求相吻合
带流苏的布艺家具		⊙ 流苏为一种下垂的以五彩羽毛或丝线等制成的穗子，极具女性妩媚的特征，因此经常被用到法式乡村风格的布艺设计之中
铁艺装饰		⊙ 铁艺材质轻盈又有着金属质感，其独特的变形的品质，能够打造出线条优美、样式各异的造型 ⊙ 通过简单的线条勾勒出优美、可爱的造型装饰，与法式乡村风格十分搭配
碎花布艺靠枕		⊙ 碎花的运用体现出法式乡村风格的唯美情怀，结合棉麻布艺的柔和触感，则将天然气息溢满一室

十、美式乡村风格

1. 美式乡村风格设计理念

美式乡村风格起源于17 世纪，先后经历了殖民地时期、美联邦时期、美式帝国时期的洗礼，融合巴洛克、帕拉第奥、英国新古典等装饰风格，是一种兼容并蓄的风格体现，形成了对称、大气、优雅、华美的特点。

美式乡村风格主要起源于18 世纪各地拓荒者居住的房子，具有刻苦创新的开垦精神，同时体现出浓郁的乡村气息，主要表现在色彩、家具造型，以及具有美国西部本土特色的装饰之中。另外，美式乡村风格注重家庭成员间的相互交流，注重私密空间与开放空间的相互区分，重视家具和日常用品的实用和坚固。

◀ 美式乡村风格兼容并蓄，具有多重装饰风格

2. 美式乡村风格配色表现

美式乡村风格具有质朴而实用的效果，在配色上强调“回归自然”，以自然色调为主，绿色、土褐色最为常见，特别是在墙面色彩选择上，自然、怀旧、散发着浓郁泥土芬芳的色彩是美式乡村风格的典型特征。同时，美式乡村风格追求自然的韵味，其中绿色系最能体现大自然所表现出的生机盎然气息，无论是运用于家居中的墙面装饰，还是运用在布艺软装上，无不将自然的情怀表现得淋漓尽致。

美式乡村风格配色

▲ 棕色系配色显得厚重而大气

▲ 运用绿色点缀，为空间增添自然气息

3. 造型、图案的体现

▲ 拱形垭口丰富室内线条变化

美式乡村风格会出现像地中海风格中常用的拱形垭口，其门、窗也都圆润可爱，这样的造型可以营造出美式乡村风格的舒适和惬意感觉。由于美式乡村风格追求自然天性，因此家居设计时，花鸟虫鱼这类图案十分常见，体现出浓郁的自然风情。另外，美式乡村风格的家居中，还会经常出现一些表达美国文化概念的图腾，例如白头鹰等。

4. 材料选用与设计

美式乡村风格自然、质朴，木材是必不可少的室内建材，主要表现在吊顶和实木家具之中。墙面造型常见自然裁切的石材、红砖墙等，这些材质与美式风格追求天然、纯粹的理念相一致，独特的造型亦可为室内增加一抹亮色。

▲ 自然裁切的石材不仅丰富墙面装饰，而且也能体现自然感

5. 家具特征及常见种类

美式乡村风格的家具通常简洁爽朗、线条简单、造型粗犷。其选材也十分广泛，如松木、枫木等。家具一般不用雕饰，保有木材原始的纹理和质感，还会刻意添上仿古的瘢痕和虫蛀的痕迹，创造出一种古朴的质感。颜色多仿旧漆，式样厚重，带给人自然且舒适的感觉。

美式乡村风格常见家具

种 类	图 例	简 介
粗犷的木家具		◎ 体积庞大，质地厚重，展现原始粗犷的美式风格 ◎ 一般不用雕饰，保有木材原始的纹理和质感，还会刻意添上仿古的瘢痕和虫蛀的痕迹，创造出一种古朴的质感
做旧处理的家具		◎ 常雕刻复杂的花纹造型，并有意将实木的漆面做旧，产生古朴的质感 ◎ 颜色多仿旧漆，式样厚重，带给人自然且舒适的感觉
皮沙发		◎ 皮沙发具有透气、柔软性好等功能，摆在居室中可以令空间显得美观、大方 ◎ 由于皮沙发由动物皮加工而成，且大多为棕色系，因此也带有粗犷、质朴的特质，与美式乡村风格的空间搭配和谐
雕花实木家具		◎ 一般为带有鲜艳花纹的布艺和精美雕花的实木材质相结合，能够营造出质朴、沉稳的家居环境

续表

种类	图例	简介
温莎摇椅		◎ 脚部为圆形车旋腿，整个造型比较开阔，扶手往两侧敞开，椅背和扶手的线条变化多样 ◎ 曲线造型流畅圆润，底部四个旋木腿由上至下向外倾斜挺立，采用H形拉脚档连接，具有轻巧而稳重的视觉效果
六斗柜		◎ 美式六斗柜将许多欧洲贵族的家具平民化，有着简化的线条、粗犷的造型、自然的材质，较为含蓄保守的色彩及造型，更多地融合了实用功能与装饰功能
碎花布艺高背椅		◎ 非常重视生活的自然舒适性，充分显现出乡村的朴实风味，所以常会作为小碎花的布艺家具来点缀空间 ◎ 因为其靠背较一般座椅长，更贴合人体背部曲线，不仅能带来舒适的感觉，也能营造悠闲的氛围
软包凳		◎ 美式乡村风格居室一般面积较大，在客厅布置时可以摆放一两个或实木或皮质材质的软包凳，可以使布局看上去更有整体感
圆柱腿家具		◎ 圆柱造型的桌腿，减少大体积家具带来的厚重感，反而可以将粗犷家具所带有的死板气息转化成更大气的感觉

6. 常见装饰品的选用设计

美式乡村风格的装饰物十分多样，非常重视生活的自然舒适性，突出格调清婉惬意，外观雅致休闲。各种繁复的花卉植物是美式乡村风格中非常重要的运用元素。而像铁艺饰品、瓷盘等也是美式乡村风格空间中常用的物品。

美式乡村风格常见装饰品

种类	图例	简介
自然风光的油画		◎ 可选用大幅的风景油画，色彩的明暗对比可以产生空间感，适合美式乡村家居追求阔达空间的需求 ◎ 也可以选用两到三幅小型木框组合的自然装饰画，体现空间的自然、灵动
大型绿植盆栽		◎ 美式乡村风格的居室一般面积较大，大型盆栽既有绿化功能，又能减少室内空旷感，可大量使用 ◎ 设置室内绿化，来创造自然、简朴、高雅的氛围
铁艺灯		◎ 铁艺灯是美式乡村风格中的常见灯具，其金属支架的色彩多为黑色，体现出厚重、冷静的质感 ◎ 灯光色调以暖色调为主，散发出的温馨、柔和光线，可以衬托出美式家居的自然、拙朴

续表

种类	图例	简介
鹿角灯		◎ “鹿”这一生灵，历来被赋予吉祥的寓意；而以其鹿角为元素设计的鹿角灯则起源于15世纪的美国西部，是较富盛名的灯饰品种之一 ◎ 其象征了原生态的高品质生活，用在家居照明中，既是实用的光影营造帮手，也是不可多得的艺术藏品
动物造型工艺品		◎ 美式乡村风格中工艺品的样式多样，其中以动物造型的装饰摆件最为常见，如羚羊、雄鹰、麋鹿或鹦鹉造型等，通常这类工艺品也可以是银白色或黑漆色金属材质
世界版图装饰画		◎ 具有复古韵味，也能体现美式乡村风格追求自然的态度 ◎ 世界版图装饰可以是装饰画，也可以是墙面挂饰，适合作为客厅和餐厅背景墙的装饰
铁皮花筒插花		◎ 铁皮制品常给人粗犷、随性的感觉，并不细致的制作工艺，自由随意的细节处理，常常能带来意想不到的悠闲感 ◎ 花筒上会手绘描画出自然图案或景色，搭配随性淡雅的插画，更能为空间增添乡村气息

十一、现代美式风格

1. 现代美式风格设计理念

由于美国是一个从殖民地中独立的国度，因此，美国文化具有一个非常显著的特征，即崇尚个性的张扬与对自由的渴望。现代美式风格是美国西部乡村生活方式的一种演变，摒弃了过多烦琐与奢华的设计手法，色彩相对传统，家具选择更有包容性，体现出多层次的美式风情，家居环境也更加简洁、随意、年轻化。与美式乡村风格的主要区别在于配色设计和家具造型。

▲ 现代美式风格是美国西部乡村生活方式的一种演变

2. 现代美式风格配色表现

现代美式风格的配色和美式乡村风格的配色差异较大，告别了棕色、绿色大面积的使用，大多是将背景色调整为旧白色，令空间显得更加通透、明亮。软装饰品的配色更为丰富，常会出现比邻配色，其最初的设计灵感来源于美国国旗，基色由国旗中的蓝、红两色组成，具有浓厚的民族特色。另外，这种对比强烈的色彩可以令家居空间更具视觉冲击，有效提升居室活力。

▲ 现代美式风格色彩更简化，家具造型也呈现多样化特征

3. 造型、图案的体现

现代美式风格除了使用圆润、流畅的线条外，也可以选择简练、干净的直线条，或者将直线与弧线搭配运用，可以令家居环境看起来富有变化，其中带有造型感的家具细节设计也可以为现代美式风格的家居增色。在室内装饰图案上，一定程度上依旧保留乡村情愫，所以装饰图案的选择上也善用带有乡村题材的元素。

4. 材料选用与设计

在现代美式风格的家居中，材料的选择上保留了传统美式风格的天然感，但也在家居设计中运用了新型材料，将不同属性的东西条理分明地摆放和谐，就可以营造出与众不同的家居环境。

▶ 铁艺与布艺的组合呈现出质朴的环境氛围

5. 家具特征及常见种类

相比美式乡村风格厚重、粗犷的木家具，现代美式风格的家具线条更加简化、平直，虽也常见弧形的家具腿部，但少有繁复的雕花，而是线条更加圆润、流畅。

现代美式风格常见家具

种类	图例	简介
线条简化的木家具		⊙ 木头材质传统自然，使用带有造型感的木质腿脚体现出现代美式家具在细节上的用心 ⊙ 材质上保留了传统美式风格的天然感，造型上则更加贴近现代生活
带铆钉皮沙发		⊙ 不仅延续了厚重的风格特征，其金属元素带有强烈的现代气息，可以令空间更加具有时代特质

6. 常见装饰品的选用设计

美式风格的装饰多样，重视生活的自然舒适性。各种繁复的花卉、盆栽是美式风格中非常重要的运用元素。而像铁艺饰品、自然风光的装饰画等，也是美式空间中常用的物品。但现代美式风格和美式乡村风格相比，在装饰品的选择上更加精致、小巧。

十二、英式田园风格

1. 英式田园风格设计理念

英式田园风格大约形成于17 世纪末，主要是由于人们看腻了奢华风，转而向往清新的乡野风格。英式田园风格和其他田园风格一样，会大量使用木材等天然材料来凸显自然风情；同时善用带有本土特色的元素来装点空间，体现出带有绅士感的英伦风情。

◀ 摒弃奢华之风，融合本土田园特色，展现英伦风情

2. 英式田园风格配色表现

由于英式田园风格会大量用到木材，因此色彩上以木色居多，再搭配暖黄色的光线，可以带来温暖而淳朴的视觉感受。另外，英式田园风格有别于法式田园风格追求绚烂的色彩，一般喜欢用清新淡雅的颜色来表达空间氛围，常见的色彩有米色、浅蓝色、浅绿色等，既可以在墙面大面积使用，也可以作为点缀色出现。

▲ 木色为主，红色点缀，凸显沉稳感

3. 造型、图案的体现

和大多数田园风格一样，英式田园风格家居中的线条也同样以流畅为主，会出现适当的拱形装饰。英国人特别喜爱碎花、格子、条纹图案，因此在布艺、墙面上会经常见到这些元素，充分衬托出英国田园居室独特的风格。其中，小碎花图案是英式田园调子的主角。

在英式田园家居中虽然没有大范围华丽繁复的雕刻图案，但在其家具中，如床头、沙发椅腿、餐椅靠背等地方，总免不了适量浅浮雕的点缀，让人感觉到一种严谨细致的工艺精神。

▲ 格子图案显得干净大方

4. 材料选用与设计

英式田园风格的家居设计关键在于在体现出淳朴、自然的家居风情。因此，在材料的选用上，会大量用到木材，木纹饰面板、实木线条既可用来装饰墙面，也会大量运用在家具中。另外，布艺墙纸以其特有的质感，也常常被英式田园风格的家居用到。

▲ 绿色护墙板带来自然丰富的空间观感

5. 家具特征及常见种类

英式田园家具的特点主要表现在华美的布艺以及纯手工的制作，布面花色秀丽，多以纷繁的花卉图案为主。家具色彩多以奶白、象牙白等白色为主，以高档的桦木、楸木等作框架，配以高档的内板、优雅的造型、细致的线条和高档油漆处理。

英式田园风格常见家具

种 类	图 例	简 介
胡桃木家具		胡桃木不仅具有精巧、别致的漂亮纹理，且木质硬度适中，具有较强的耐磨和耐腐蚀性 用胡桃木制作的家具表面只需进行简单处理，不加任何装饰就很美观，带有质朴和返璞归真的感觉
手工沙发		手工沙发大多是布面的，色彩秀丽、线条优美，其柔美是主流，但是很简洁 注重面布的配色与对称之美，越是浓烈的花卉图案或条纹、格纹，越能展现英国味道
木质橱柜		木质橱柜高档美观，纹路自然，给人返璞归真的感觉。随着工艺技术的发展，不再与传统木质橱柜一样，样式单调统一，而是有了多种形态 除了加入雕花、格栅等增加细节变化，也可以根据整体风格改变门板等样式 带有天然的田园韵味，将质朴的气息注入空间之中

续表

种类	图例	简介
实木高背床		⊙ 选择胡桃木、橡木、樱桃木、榉木、桃花心木、楸木等木种作为床头，保留木材原有的自然色调或者在这些原木的基础上粉刷成奶白色，令卧室整体感觉更为优雅细腻
格子布艺家具		⊙ 浓郁的英格兰格子，红色与白色组合在一起不但不显突兀，反而显得稳重而有趣 ⊙ 相较于花草纹饰而言，格子布艺不仅可爱、随性，而且更能将英式田园隐藏的质朴与优雅表现得淋漓尽致，却又不落俗套
小碎花布艺家具		⊙ 融合各种色彩的小碎花布，似是充满感情的、生动的，活灵活现又不失质朴 ⊙ 利用碎花布艺家具点缀，避免空间整体过于单调、沉闷，更有田园感
圆桌边几		⊙ 圆润的线条、灵巧活泼的造型，丰富了空间线条变化 ⊙ 圆形边几不似方形边几那样死板、沉闷，更能起到装饰作用

6. 常见装饰品的选用设计

在英式田园风格的开放式空间结构中，随处可见花卉绿植、各种花色的优雅布艺以及带有英伦风情的装饰物，所有的装饰都力求从整体上营造出一种田园气息。另外，陶瓷工艺品、木相框墙、盘状挂饰等也是比较出彩的设计。

英式田园风格常见装饰品

种类	图例	简介
胡桃夹子士兵装饰		英国士兵是英国本土的一个象征，而胡桃夹子士兵与之有共通之处，且形态更为丰富多样 非常适合作为儿童房的装饰，也可以摆放在客厅茶几、电视柜等处，增添空间的趣味性
米字旗装饰		米字旗为英国国旗，作为装饰元素用于家居中，可以彰显风格特征 常见装饰有米字旗抽纸盒、米字旗抱枕、米字旗装饰画等 其本身色彩也可以作为丰富空间配色的元素
英伦风下午茶餐具		英式下午茶作为本土标签，可以体现出一种优雅的生活格调 可以将其摆放在茶几或餐桌上，既能体现出对品质生活的追求，也有一定的装饰作用

续表

种 类	图 例	简 介
盘状装饰品		⊙ 挂盘形状以圆形为主，可以用色彩多样、大小不一的形态，在墙面进行排列 ⊙ 英式田园风格可以选择几何图案或英伦建筑图案的挂盘
装饰性半帘		⊙ 装饰性半帘和落地窗帘相比，更加透气、轻巧，装饰意味也更强烈 ⊙ 在英式田园的家居中，可以选择经典的条纹、格纹图案半帘，也可以选用米字旗图案的半帘，再加以褶皱设计，十分俏皮、可爱
复古图案灯座的台灯		⊙ 带有复古图案灯座的台灯，不仅具有照明作用，而且装饰性十分强烈 ⊙ 灯座图案常为花鸟自然图景，与居室着重体现自然的意愿相符，灯座色彩多为带有复古感的浊色调绿色，低调又不乏生机
知更鸟造型装饰		⊙ 知更鸟为英国国鸟，被称作“上帝之鸟”，运用在家庭装饰中，具有美好的寓意

十三、韩式田园风格

1. 韩式田园风格设计理念

韩国属东方国家，其文化传统丰富而又独特。自17世纪和18世纪之后，韩国的技术和经济进步的新风气流行，港口开放和贸易促进了西方文化在朝鲜半岛的传播。

韩式田园风格没有一个具体、明确的说法，往往给人唯美、温馨、简约、优雅的印象。如果说英式田园风格给人带来的是一种男性绅士感，韩式田园风格则善于营造女性的柔美感，因此在色彩以及材料的选择上均带有强烈的女性化特征。

◀ 将简约和优雅渗透到家居设计的方方面面

2. 韩式田园风格配色表现

韩国是一个偏爱白色的国度，韩国人认为白色是纯洁的色彩。而粉色系所拥有的淡雅与浪漫也是韩式家居所钟爱的。因此，这两种色彩的合理搭配，在韩式家居中经常用到。韩式田园风格在配色上一般以清新淡雅的色彩为其主调，其中尤其以绿色系最受欢迎，可以轻易营造出带有田园风情的家居氛围。另外，韩式田园风格也喜欢用大量糖果色、流行色，如苹果绿、柠檬黄、天堂蓝等，来体现出空间唯美气息。

▲ 白色家具既显得干净，又带有唯美感

▲ 淡色调绿色和粉色充满梦幻气息

3. 造型、图案的体现

韩式田园风格的空间多采用简洁、硬朗的直线条，这种设计迎合了韩式田园家居追求内敛、质朴的设计风格。另外，家居墙面及布艺织物的图案以花草纹饰和蝴蝶为主，充分体现出韩式田园风格的自然感。

▲ 蝴蝶装饰装点曲线床头，增添甜美感

4. 材料选用与设计

韩式田园风格的用料崇尚自然，如砖、陶、木、石、藤、竹等。在织物质地的选择上多采用棉、麻等天然制品，其质感正好与韩式田园风格不事雕琢的追求相契合。同时，设计秀美、工艺独特、图案花纹有轻微的浮凸效果的蕾丝，这种若隐若现的特质可以把女性的娇媚修饰得恰到好处。

▲ 薄纱床幔增添浪漫甜美的气息

5. 家具特征及常见种类

韩式田园风格中的家具多以原木材质为主，刷上纯白瓷漆、油漆，或体现木纹的油漆等。家具在摆放时，整体状态呈现不完全矩形，以一种轻松的态度对待生活，更能体现出韩式田园的风格特征。

韩式田园风格常见家具

种类	图例	简介
白色 + 碎花家具		白色及碎花图案，都是韩式家居中非常常见的装饰元素，因此，将这两种元素结合在一起设计的家具无疑可以很好地体现风格特征，带来清新的效果 购买时可以结合布艺织物一起选购，形成和谐的空间特色
韩式手绘家具		韩式田园风格突出格调清婉、惬意，常见以随意涂鸦为主流特色的手绘家具，虽然线条随意，但注重干净、干练 图案上以花草纹饰的手绘家具最能体现风格特征
低姿家具		韩式田园风格相较于材质，更加注重家具的形态和色彩。形态方面，家具往往呈现“低姿”的特色，很难发现夸张的家具 低矮的家具不仅小巧、精致，也可以令家居空间更加紧凑

续表

种类	图例	简介
奶白色家具		◎ 奶白色是白色之中加入少量黄色形成，奶白色家具没有白色家具的单调感，也不会显得过于寡淡，总体散发着从容雅淡的气息
木质＋藤筐家具		◎ 木质与藤筐常给人自然、温和的感觉，两者组合起来形成的家具，充满了柔和的装饰效果 ◎ 利用小巧的藤筐加木质的家具代替体积厚重的收纳家具，将韩式田园风格自然灵动的风格特点展露无遗
白色铁艺家具		◎ 将铁艺锻造成圆润的曲线造型，纤细的框架被刷涂上白色的油漆，无不展现可爱、甜美的气息 ◎ 花枝造型的铁艺床与粉色碎花床品，十分符合韩式田园风格的风格特征
玻璃材质家具		◎ 玻璃本身晶莹剔透，明亮光洁，给人纯净透彻的感觉 ◎ 玻璃家具可减少可见的压迫感，摆放在韩式田园风格的居室中，可以平衡过于甜美的田园气息，因此，在居室中巧妙地布置一些玻璃家具，能够带来不一样的感受

6. 常见装饰品的选用设计

韩式田园风格在装饰品的选用上，与大多数田园风格类似，木质相框、棉麻布艺座套、可爱灵巧的绿植装饰等都展现着甜美的田园感；除此之外，韩式田园风格居室也会使用带有民族特色的装饰进行点缀，使空间的风格感能够从细节之中呼之欲出。

韩式田园风格常见装饰品

种类	图例	简介
韩式人偶娃娃		韩国传统服饰的人偶娃娃可以很好地凸显风格特征 款式十分多样，色泽也比较鲜艳，可以成为角落空间中的亮点装饰
韩国太极扇		韩国太极扇具有浓郁的本土特色，既可以作为装饰，也可以当作收藏品 色彩来源于韩国国旗，同时有所演绎，虽然体量不大，却能作为室内设计中的跳色
木质相框		木质相框常见的材料有杉木、松木、柞木、橡木等，能够体现出强烈的自然风情 韩式田园风格适合自然图案的画作，也可以是业主的生活照

续表

种类	图例	简介
带裙边座套的家具		⊙ 韩式家居会体现出一种轻松的态度，在一些细节布置上会体现出来，比如常用带有可爱蓬蓬裙边的座套作为装饰
树脂萌物工艺品		⊙ 以树脂为主要原料，通过模具浇注成型，制成的工艺品造型往往生动逼真 ⊙ 萌物可爱的形态、表情，摆放在家居之中，带来轻松、欢快的气氛
多肉植物		⊙ 植物的根、茎、叶三种营养器官中至少有一种是肥厚多汁并且具备储藏大量水分功能的植物 ⊙ 其圆润可爱的形态，十分适合韩式风格居室
蕾丝灯具		⊙ 蕾丝的编织技艺与其使用的材质决定了它不可阻挡的魅力效果，利用蕾丝修饰的灯具能够将柔美、精致的女性美感带入居室之中

十四、地中海风格

1. 地中海风格设计理念

空间的穿透性与视觉的延伸是地中海风格的要素之一，室内居室强调光影设计，一般通过大落地窗来采撷自然光线。建筑空间内的圆形拱门及回廊通常采用数个连接或以垂直交接的方式，再加上纯美、大胆的配色方案，天然、质朴的材料呈现，整体风格体现出无拘无束、浑然天成的设计理念。

◀ 流畅的曲线线条以及天然材料的使用均印证了地中海风格的设计精髓

2. 地中海风格配色表现

地中海风格带给人地中海海域的浪漫氛围，充满自由、纯美气息。色彩设计从地中海流域的特点中取色，主要的颜色来源是白色、蓝色、黄色、绿色等，这些都是来自大自然最纯朴的元素。

地中海风格配色

▲ 黄色与蓝色搭配，色彩靓丽，更显地中海风格的自由特性

▲ 白色主色，蓝色搭配，空间显得干净、通透

3. 造型、图案的体现

地中海风格在造型方面，一般选择流畅的线条，通过空间设计上连续的拱门、马蹄形窗等来体现空间的通透，并用栈桥状露台、开放式房间功能分区体现开放性。通过一系列开放性和通透性的建筑装饰语言来表达地中海装修风格的自由精神内涵。

▲ 隔而不断的圆拱造型令空间充满变化，且丝毫不影响空间的通透感

▲ 海洋元素装饰充分体现地中海风格特征

4. 材料选用与设计

地中海风格在材质上一般选用自然的原木、天然的石材等，来营造浪漫、自然的气息；也会塑造大面积的白灰泥墙来呈现其风格的独特韵味。另外，马赛克镶嵌、花砖拼贴在地中海风格中则算是较为华丽的装饰。

▲ 花砖拼贴从细节凸显风格气质

5. 家具特征及常见种类

地中海风格家具多经过擦漆做旧处理，线条以柔和为主，简单且修边浑圆；一般比较低矮，可以令空间显得通透。另外，带有强烈造型感的船形家具在空间中的运用也十分常见，可以将地中海的独特风情展现出来。

地中海风格常见家具

种类	图例	简介
船形家具		船形家具能够很好地体现出地中海风格的特征，也可以为家中增加一分新意 船形家具一般常作为边柜或床头柜在客厅和卧室中使用，也会在儿童房中出现船形的睡床
擦漆处理的家具		擦漆处理的方式可以流露出古典家具才有的质感，也能展现出家具在地中海碧海晴天之下被海风吹蚀的自然印迹
锻打铁艺家具		锻打铁艺家具符合地中海风格追求随性的诉求，也是地中海风格中独特的美学产物 常见铁艺床、铁艺座椅等，其流畅、优雅的线条，可以增添空间的灵动感

续表

种类	图例	简介
木质家具		⊙ 地中海风格追求自然特性，因此木质家具十分常见，色彩上多为白色，也常见白色＋木色，白色＋蓝色等 ⊙ 除了在家具表面涂刷清漆，有些家具则会有擦漆做旧处理，使其流露出古典家具才拥有的质感
蓝色条纹布艺沙发		⊙ 地中海风格的家居中，布艺沙发一般为条纹纹理， 色彩普遍以纯度较高的色彩为主，如蓝白条纹、浅黄色条纹等
白色四柱床		⊙ 地中海风格卧室常会出现白色四柱床，形态上继承了欧式古典传统四柱床，但又区别于欧式古典样式，涂刷成白色，减弱了古典韵味，增加了自然、纯净的感觉
藤编＋实木家具		⊙ 藤制材质与实木材质组合，带来自然、舒适的感觉

6. 常见装饰品的选用设计

地中海风格的装饰一方面需要表达出海洋般的美感，如大多饰品具有海洋元素的造型，并且材质多样，陶瓷、铁艺、贝壳、树脂、编织或者木质材料均适合，陶瓷和铁艺有时也会做一些仿旧处理。另一方面，空间氛围十分注重绿化，因此少不了绿植的身影。

地中海风格常见装饰品

种类	图例	简介
地中海拱形窗		⊙ 拱形窗不仅是欧式风格的最爱，用于地中海风格中也可以令家居彰显出典雅的气质 ⊙ 与欧风家居中的拱形窗所不同的是，地中海风格中的拱形窗在色彩上一般运用其经典的蓝白色 ⊙ 镂空的铁艺拱形窗也能很好地呈现出地中海风情
圣托里尼装饰画		⊙ 干净的配色可以很好地与空间融合，也能充分彰显风格特征 ⊙ 除了装饰画，也可以绘制一幅圣托里尼岛的手绘墙，更添空间的海洋气息
海洋元素装饰		⊙ 常见的装饰元素包括鱼、贝壳、海星、船、船锚、船舵、救生圈、渔网等 ⊙ 这类装饰或作为墙面壁饰，或作为工艺品摆放，均在细节处增添家居空间的活跃、灵动氛围 ⊙ 材质上常见树脂、金属，也有利用贝壳制作而成的造型

续表

种 类	图 例	简 介
爬藤绿植＋红陶花盆		⊙ 爬藤类植物、小巧可爱的绿色盆栽均十分常见 ⊙ 带有古朴味道的红陶花盆和窑制品可以充分体现出地中海风格的质朴感觉，同时又不乏自然气息，与家中的绿植十分相配
地中海吊扇灯		⊙ 地中海吊扇灯是灯和吊扇的完美结合，既具有灯的装饰性，又具有风扇的实用性，可以将古典和现代完美融合，在地中海风的客厅和餐厅中常常出现 ⊙ 这种灯具在田园和乡村风格的居室中也较为常见，但需要注意的是，若灯扇和灯罩的色彩为地中海特有的蓝色时，则该灯具并不适用于其他家居风格
船、船锚、船舵等装饰		⊙ 船、船锚、船舵这类小装饰也是地中海家居钟爱的装饰元素。将它们摆放在家居中的角落，或悬挂在墙面上，尽显新意的同时，也能将地中海风情渲染得淋漓尽致 ⊙ 这类装饰材质上常见树脂、金属，也有利用贝壳制作而成的造型
铁艺装饰		⊙ 铁艺是地中海风格常用的材质，其多变的造型可以为家居带来不同的装饰效果 ⊙ 铁艺不仅可以出现在家具中，也常常出现在工艺品中，无论是铁艺烛台还是铁艺花器等，都可以成为地中海家居中独特的美学产物

十五、东南亚风格

1. 东南亚风格设计理念

东南亚风格取材天然，讲求自然、环保的设计理念。无论硬装还是软装均遵循这一特征。配色上讲求利用浓郁的色彩体现异域风情，尤其表现在布艺装饰之中。东南亚风格的绿化是亮点之一，室内的绿化植物一般以大株热带或亚热带植物为主。

◀ 将热带雨林景观与宗教元素融于空间设计之中

2. 东南亚风格配色表现

东南风格的配色可分为三类。一类是以原藤、原木的木色色调为主，或褐色、咖啡色等大地色系，在视觉上有泥土的质朴感。一类是用彩色作主色，例如红色、绿色、紫色等。还有一类比较朴素，采用黑、白、灰的组合，这是比较现代一些的东南亚风格。

东南亚风格配色

▲ 大地色为主，体现自然、古朴、厚重的氛围

▲ 无色系作主色，搭配绿色，令空间具有生机感

3. 造型、图案的体现

东南亚风格的家居中，图案往往来源于两个方面，一个是以热带风情为主的花草图案，另一个是极具禅意风情的图案。其中，花草图案的表现并不是大面积的，而是以区域型呈现；同时图案与色彩搭配协调，为一个色系的图案。而禅意风情的图案则作为点缀出现在家居环境中。

▲ 源于热带雨林的装饰图案

▲ 宗教图案令居室呈现出浓浓的禅意

4. 材料选用与设计

东南亚风格的家居中，天然的木材、藤、竹是东南亚室内装饰材料的首选，同时会在局部采用一些金属色壁纸、青铜、黄铜、彩色玻璃等进行装饰。在布艺材质方面，带有丝绸质感的布料最为常见。

▲ 木材在空间中常被运用到顶面装饰线条、墙面、地面以及家具之中

▲ 泰丝抱枕和纱幔高度渲染了空间的神秘气息

5. 家具特征及常见种类

东南亚风格的家具具有来自热带雨林的自然之美和浓郁的民族特色，选材上讲求原汁原味，制作上注重手工工艺带来的独特感。东南亚风格的家具虽然外观宽大，但却具有牢固的结构，讲求品质的卓越。

东南亚风格常见家具

种类	图例	简介
木雕家具		木雕沙发不仅具有较好的质感，而且其本身的雕花具有一种低调的奢华，典雅古朴，极具异域风情 柚木家具不易变形，其刨光面颜色可以通过光合作用氧化而呈金黄色，颜色会随时间的延长而更加美丽
藤制家具		藤制家具天然环保，且具有吸湿、吸热、透风、防蛀，不易变形和开裂等物理性能，可以媲美中高档的硬杂木材 藤制家具既符合东南亚风格追求天然的诉求，其本身也能充分彰显出来自于天然的质朴感
混合材质家具		东南亚风格的家具也常以两种以上不同材料混合编织而成，如藤条与木片、藤条与竹条等 材料之间的宽窄、深浅会形成有趣的对比，各种编织手法的混合运用令家具作品变成了一件手工艺术品

续表

种 类	图 例	简 介
泰式雕花家具		◎ 泰式雕花精致细密，内容题材也多以宗教图案或自然花鸟为主
无雕花架子床＋纱幔		◎ 线条简化的无雕花架子床舍去烦琐复杂的装饰，留下大气简洁的气质 ◎ 挂置轻薄透气的纱幔，使异域风情更加浓厚，同时也提升了整体空间的品质感
竹制家具		◎ 大多仿照木家具的造型，产品富有鲜明的民族形式和传统风格 ◎ 取材自然，制成的家具坚硬不易变形，触感清凉，从气氛上烘托出东南亚风格的热带风情
实木彩绘屏风		◎ 将中式传统屏风通过雕刻和绘画，变成拥有浓厚热带风情的装饰性家具

6. 常见装饰品的选用设计

东南亚风格的工艺品富有禅意，蕴藏较深的泰国古典文化，也体现出强烈的民族性，主要表现在大象饰品、佛像饰品的运用。另外，东南亚风格的居室也常见纯手工制作而成的装饰品，均带着几分拙朴；有时也会使用有做旧感的黄铜制作各种动物雕塑、佛头等。

东南亚风格常见装饰品

种 类	图 例	简 介
佛像饰品		◎ 东南亚作为一个宗教性极强的地域，大部分国家的人们都信奉佛教，常把佛像作为一种信仰符号体现在家居装饰中 ◎ 无论是佛像雕塑，还是佛像壁画，都可以令家中弥漫着浓郁的禅意气息
锡器		◎ 无论造型还是雕花图案都带有强烈的东南亚文化印记 ◎ 一般常见茶具、花瓶等锡器，既具有装饰功能，实用性也很强
木雕		◎ 其主要原材料包括柚木、红木、桫椤木和藤条，可以增添空间自然感的表现 ◎ 木雕大象、人物雕像和餐具都是非常受欢迎的室内装饰

续表

种 类	图 例	简 介
莲叶装饰		⊙ 用阔叶植物装点家居，可以表现出浓郁的热带雨林风情 ⊙ 如果条件允许，可以采用水池、莲花的搭配，非常接近自然 ⊙ 如果条件有限，则可以选择莲花或莲叶图案的装饰来装点家居，自然中透出禅意
泰丝抱枕		⊙ 艳丽的泰丝抱枕是沙发或睡床上的最好装饰品。明黄、果绿、粉红、粉紫等香艳的色彩化作精巧的靠垫或抱枕，跟原色系的家具相衬，香艳的愈发香艳，沧桑的愈加沧桑
木皮灯具		⊙ 取材自然是东南亚家居最大的特点，这一特点也延续到了灯具的选择上。其中，木皮灯具是极具代表性的照明工具 ⊙ 灯罩是由很薄的一层木皮经过细致加工和处理后，通过特殊工艺制作而成。当光线通过木皮灯罩时，隐约的灯光显得更加朦胧，仿佛一件艺术品
大象饰品		⊙ 大象是东南亚很多国家都非常喜爱的动物，相传它会给人们带来福气和财运，因此在东南亚的家居装饰中，大象图案和饰品随处可见 ⊙ 为家居环境增加了生动、活泼的氛围，也赋予了家居环境美好的寓意

十六、混搭风格

1. 混搭风格设计理念

混搭风格设计糅合东西方美学精华元素，将古今文化内涵完美地结合于一体，充分利用空间形式与材料，创造出个性化的家居环境。但混搭并不是简单地把各种风格的元素放在一起做加法，而是把它们有主有次地组合在一起。混搭得是否成功，关键看是否和谐。

◀ 糅合东西方美学精华元素，充分利用空间形式与材料，创造个性化的家居环境

2. 混搭风格配色表现

混搭风格的色彩虽然可以出其不意，但搭配的前提条件依然是和谐，比如窗帘是绿色系，地毯、床品的颜色最好是白色、黄色等与之相配的颜色；另外，虽然对比色也是混搭风格的常用配色，但需要注意，如果家具和配饰是古典风格，各类纺织品就一定不能选择对比色。

▲ 红色与蓝色形成反差，极具视觉冲击力

▲ 蓝色与黄色搭配，既突出个性，又很和谐

3. 造型、图案的体现

混搭风格在空间造型上较为多样，横平竖直的设计不太适用于混搭风格。可以结合弧形、雕花等多样的线条及装饰图案，来丰富空间的视觉层次，令混搭风格呈现出具有创意的新潮设计方案。

▲ 雕花家具的使用令横平竖直的空间充满了变化的美感

▲ 中式图案与西方图案搭配设计，呈现新潮空间

4. 材料选用与设计

在混搭风格的家居中，材料的选择十分多元化，能够中和木头、玻璃、石头、钢铁的硬，调配丝绸、棉花、羊毛、混纺的软，将这些透明的、不透明的，亲和的、冰冷的等不同属性的东西层理分明地摆放和谐，就可以营造出与众不同的混搭风格的家居环境。

5. 家具特征及常见种类

混搭风格家居中的家具一般会呈现出多样化的特征，经常会用不同风格的家具进行搭配，例如中式家具和欧式家具相搭配，或者现代风格的家具搭配中式风格或欧式风格的家具。另外，混搭风格的客厅中还会摆放形态相似但颜色不同的家具。

混搭风格常见家具

种 类	图 例	简 介
色彩不同的同类型家具		形态相似但颜色不同的家具可以丰富空间层次，避免形成单调的家居环境，令混搭风格的家居更具装饰性

续表

种类	图例	简介
现代家具 + 中式家具		⊙ 混搭风格的家居中，现代家具与中式古典家具相结合的手法十分常见 ⊙ 中式家具不宜过多，太多会令居室显得杂乱无章

6. 常见装饰品的选用设计

混搭风格家居中的装饰品选择与家具的搭配类似，只需将不同风格的装饰品进行合理混搭即可。例如，家中以欧式风格为主，那么将带有中式风格的元素点缀其中，会为整个房间增色不少；或者在现代风格为主的空间中，搭配装饰中式或欧式风格的工艺品。

混搭风格常见装饰品

种类	图例	简介
现代装饰混合中式元素		⊙ 现代装饰品融入中式元素，是混搭风格家居中常用的装饰手法 ⊙ 现代装饰品的时尚感与中式装饰的古典美，可以令居室的格调独具品位
现代画 + 中式家具		⊙ 摆放上典雅的中式家具，然后在墙面或者家具上或挂或摆上装饰画，可以充满独特风味 ⊙ 装饰画的画框最好以简洁的木相框为主

第三章 空间设计

家居空间主要包括客厅、餐厅、卧室、书房、厨房、卫浴等，不同空间需要注意的设计要点各有不同。同时，户型大小、形状等因素导致了家居空间在设计时需要采用一些设计技巧来达到最终的设计效果。

一、客厅设计

1. 客厅格局设计要点

客厅是家居中最常利用的空间，因此要以便捷为主，格局需占所有空间的第一顺位，且面积宜大不宜小，可与弹性空间如餐厅做开放式结合，起到扩大面积的作用。另外，需要注意的是，客厅一定不能选择设置在角落。

▲ 客厅与餐厅结合设计，起到扩大空间面积的效果

2. 客厅平面布局

种类	图例	简介
沙发＋茶几		**适用空间：**小面积客厅 **适用装修档次：**经济型装修 **适用居住人群：**新婚夫妇 **要点：**家具元素比较简单，可以在款式选择上多花点心思，别致、独特的造型能给小客厅带来视觉变化
三人沙发＋茶几＋单体座椅		**适用空间：**小面积客厅、大面积客厅均可 **适用装修档次：**经济型装修、中等装修 **适用居住人群：**新婚夫妇、三口之家 **要点：**可以打破空间简单格局，也能满足更多人的使用需要；茶几形状最好为方形款式

续表

种类	图例	简介
L 形摆法		**适用空间：**大面积客厅 **适用装修档次：**经济装修、中等装修、豪华装修 **适用居住人群：**新婚夫妇、三口之家 / 二胎家庭、三代同堂 **要点：**最常见，组合变化多样，可按需选择
围坐式摆法		**适用空间：**大面积客厅 **适用装修档次：**中等装修、豪华装修 **适用居住人群：**新婚夫妇、三口之家 / 二胎家庭、三代同堂 **要点：**能形成聚集、围合的感觉；茶几最好选择长方形
对坐式摆法		**适用空间：**小面积客厅、大面积客厅均可 **适用装修档次：**经济装修、中等装修 **适用居住人群：**新婚夫妇、三口之家 / 二胎家庭 **要点：**面积大小不同的客厅，只需变化沙发的大小即可

3. 墙、地、顶的选材与设计

客厅的顶面需要保持和整个居室的风格一致，避免造成压抑昏暗的效果。墙面设计则应着眼整体，对主题墙重点装饰，以集中视线。客厅的地面材质要适用于绝大部分或全部家庭成员，不宜选择过于光滑的材料。

▲ 客厅顶面设计简洁，主题墙面利用装饰画来营造视觉焦点，地面材质则为木地板，耐用且温润

▲ 复杂的顶面设计，搭配纯绿色墙面和拼贴地砖，整体塑造出自然的田园风情客厅

4. 客厅色彩设计法则

客厅色彩是家居设计中非常重要的一个环节，因为从某种意义上来说，客厅配色是整个居室色彩定调的辐射轴心。一般来说，客厅色彩最好以反映热情好客的暖色调为基调，颜色尽量不要超过三种（黑、白、灰除外），但如果客厅有充足的日照，也可以采用偏冷的色调。

◀ 客厅整体基调为浅色调，利用软装家具点缀，活跃气氛，形成视觉上的变化感

客厅的色调主要是通过地面、墙面、顶面来体现的，而装饰品、家具等只起调剂、补充、点缀的作用。一般认为，学习区光线透亮，采用较冷色，可以减弱学习疲劳；就餐区采用暖色，使家人或亲友相聚增加温馨感；而社交娱乐区既要有不变的基调色彩，又要有因季节变换而变化的动景(如画等装饰物)相配合，营造四季自然风光。另外的问题是统一色彩基调，由于受空间的局限，异类的色块都会破坏整体的柔和与温馨，因此，客厅整体色调必须统一，但是局部色彩可以变化，起到活跃气氛的作用。再就是尽可能地扩大活动空间。厅内摆放家具会产生一些死角，并破坏色调整体协调，这时应根据客厅的具体情况，设计出合适的家具，靠墙展示柜及电视柜也量身定做，节约每一寸空间，这在视觉上保持了清爽的感觉，自然显得光亮。另外，若客厅留有暖气位置，可依墙设计一排展示柜，既可充分利用死角，保持统一的基调，还为展示个人收藏品打开一个窗口。同时要注意，在地面处理上，要尽量使用浅色材料，既避免深色吃光，同时也能增进客厅内的光亮度。

▲ 用暖色系的黄色作为空间跳色，为空间注入温馨感；同时，冷暖色的强对比令空间显得时尚、有活力

5. 客厅照明设计要点

客厅光线以适度的明亮为主，在光线的使用上多以黄光为主，容易营造出温馨效果，也可以将白光及黄光互相搭配，通过光影的层次变化来调配出不同的氛围，营造特别的风格。

▲ 黄光落地灯与白光筒灯形成独特的光影变化层次

▲ 黄色光线吊灯与壁灯营造出温馨的客厅氛围

6. 软装饰品的应用

可以在客厅多放一些收纳盒，使客厅具有强大的收藏功能，不会看到杂乱的东西摆在较为显眼的地方。如果收纳盒的外表不够统一，不够美观，可以选择漂亮的包装纸贴在收纳盒的表面，这样就实现了实用性与美观并存。尽量避免大的装饰物，如酒柜，以免分割空间，使空间显得更加狭小。

▲ 藤编收纳盒不仅与客厅整体风格相搭配，而且也能增加客厅收纳空间

7. 客厅多功能设计

为了配合家庭各种群体的需要，在空间条件许可下，可采取多用途的布置方式，分设聚谈、音乐、阅读、视听等多个功能区位，在分区原则上，对活动性质类似、进行时间不同的活动，可尽量将其归于同一区位，从而增加活动空间，减少用途相同的家具的陈设；反之，对性质相互冲突的活动，则宜调于不同的区位，或安排在不同时间进行。

▶ 利用电视背景隔墙将客厅分隔成不同区域，同时满足会客与用餐两种需求

▲ 将客厅通过一张简单个性书桌分隔出视听区与工作区，以此满足不同需求

▲ 以不同地面材料将客厅区域划分出来，形成独立的工作区域

餐厅设计

1. 餐厅格局设计要点

现如今家居餐厅的设计不光要满足餐食的需求，也要能营造良好的用餐氛围。因此，餐厅应该是明间，且光线充足，能带给人进餐时的乐趣。餐厅净宽度不宜小于2.4m，除了放置餐桌、餐椅外，还应有配置餐具柜或酒柜的地方。面积比较宽敞的餐厅可设置吧台、茶座等，为主人提供一个浪漫和休闲的空间。

▲ 面积较大的餐厅可以在餐桌椅旁放置餐边柜，打造愉快、温馨的用餐环境

2. 餐厅平面布局

种类	图例	简介
一体式餐厅－客厅		适用空间：小面积餐厅 适用装修档次：经济型装修、中等装修 适用居住人群：新婚夫妇、三口之家 要点：餐桌椅一般贴靠隔断布局，灯光和色彩可相对独立；选择多功能家具

续表

种类	图例	简介
独立式餐厅		**适用空间：** 大面积餐厅 **适用装修档次：** 经济装修、中等装修、豪华装修 **适用居住人群：** 新婚夫妇、三口之家 / 二胎家庭、三代同堂 **要点：** 餐桌椅的摆放与布置须与餐厅的空间相结合
一体式餐厅 – 厨房		**适用空间：** 小面积餐厅、大面积餐厅均可 **适用装修档次：** 经济装修、中等装修 **适用居住人群：** 新婚夫妇、三口之家 / 二胎家庭 **要点：** 需要有合适的隔断；应设有集中照明灯具

3. 墙、地、顶的选材与设计

餐厅顶面设计应以素雅、洁净的材料做装饰，如漆、局部木质板材、金属，并用灯具作衬托。而餐厅墙面在齐腰位置可以考虑用些耐磨的材料，如选择一些木饰、玻璃、镜子做局部护墙处理，营造出一种清新、优雅的氛围，以增加就餐者的食欲，给人以宽敞感。餐厅地面宜选用表面光洁、易清洁的材料，如大理石、地砖、地板等。

▲ 简洁的顶面设计搭配米黄色地砖，整体上明亮、清新，给人以宽敞感

4. 餐厅色彩设计法则

餐厅的色彩一般随客厅来搭配，但总体说来，餐厅色彩宜以明朗轻快的色调为主，最适合的是橙色以及相同色调的近似色。这两种色彩都有刺激食欲的功效。它们不仅能给人以温馨感，而且能提高进餐者的兴致。另外，餐厅墙面可用中间色调，天花板色调则以浅色为主，以增加稳重感。

▲ 整体白色系餐厅，以金黄色点缀，给人以温馨感，从而提高进餐者的兴致

5. 餐厅照明设计要点

餐厅可利用灯光作为辅助手段来调节室内色彩气氛，以达到利于饮食和愉悦身心的目的。例如，灯具选用白炽灯，经反光罩反射后以柔和的橙色光映照室内，形成橙黄色环境，能有效消除死气沉沉的低落感。寒冷的冬夜，如选用烛光色彩的光源照明或橙色射灯，使光线集中在餐桌上，也会产生温暖的感觉。

▲ 黄色壁灯照射在绿色墙面形成奶黄色光晕，令人产生平和安心的感觉

6. 软装饰品的应用

在对餐厅进行装饰时，应当从建筑内部把握空间。一般来讲，就餐环境的气氛要比睡眠、学习等环境轻松活泼一些，装饰时最好注意营造一种温馨祥和的气氛，以满足业主的一种聚合心理。例如，可以在餐厅的墙壁上挂一些如字画、瓷盘、壁挂等装饰品，也可以根据餐厅的具体情况灵活安排，用以点缀、美化环境。

▲ 气氛明快的餐厅可以利用可爱别致的软装饰品来满足居住者的聚合心理

7. 餐厅多功能设计

餐厅的主要功能为用餐，但如果在用餐的过程中还可以观看喜爱的电视节目，则除了美食的满足之外，还可以享受到视听的愉悦。在餐厅中设置一台电视，无疑是为用餐时间增添乐趣的好方法。但需要注意的是，有孩子的家庭，这种设计手法需要慎重，避免孩子因过于沉迷电视节目而影响进餐。

▲ 餐厅旁放置小的音响，在用餐时可以收听优美的音乐，改善用餐环境

三、卧室设计

卧室设计

1. 卧室格局设计要点

卧室常分为主卧和次卧，是供居住者在其内休息、睡眠等的活动房间。卧室的功能主要是睡眠休息，属于私人空间，在设计时要注意保持私密性和实用性，保证让居住者能得到良好的睡眠环境。卧室里一般常需要放置大量的衣物与被褥，所以在设计时要考虑到储物空间，不仅要足够大，而且要使用方便。

▲ 帐幔不仅可以带来私密安静的睡眠空间，而且能为卧室增添风格感

2. 卧室平面布局

种类	图例	简介
横向卧室		**适用空间：** 小面积卧室、大面积卧室均可 **适用装修档次：** 经济型装修、中等装修 **适用居住人群：** 新婚夫妇、三口之家 / 二胎家庭 **要点：** 床头不要对窗，衣柜宜摆放在有门的一侧

续表

种类	图例	简介
竖向卧室		**适用空间：**小面积卧室、大面积卧室均可 **适用装修档次：**经济型装修、中等装修 **适用居住人群：**新婚夫妇、三口之家 **要点：**衣柜与床的摆放方式与横向空间相同；床摆放时需注意不要直接对门
正方形卧室		**适用空间：**小面积卧室、大面积卧室均可 **适用装修档次：**经济装修、中等装修、豪华装修 **适用居住人群：**新婚夫妇、三口之家 / 二胎家庭、三代同堂 **要点：**可以利用零碎空间摆放床头柜，增加收纳

3. 墙、地、顶的选材与设计

卧室应选择吸音性、隔音性好的装饰材料，其中，触感柔细美观的布贴，具有保温、吸音功能的地毯都是卧室的理想之选。而像大理石、花岗石、地砖等较为冷硬的材料都不太适合卧室使用。

▲ 软绵温暖的织花地毯搭配纯棉床品，给人温暖柔和的感觉

4. 卧室色彩设计法则

卧室大面积色调，一般是指家具、墙面、地面三大部分的色调。卧室配色时，首先是组合这三部分，确定一个主色调。其次是确定好室内的重点色彩，即中心色彩，卧室一般以床上用品为中心色，如床罩为杏黄色，卧室中其他织物应尽可能用浅色调的同种色，如米黄、咖啡色等，而且全部织物宜采用同一种图案。

◀ 卧室以浅米色为主色调，加入金色和棕色点缀，给人浪漫精致的感觉

卧室颜色搭配与睡眠质量有着分不开的关系。 一般说来，柔和的色调最适合卧室，所以对于卧室来说，整体应该选择一个柔和的颜色作为主色调，而刺激性的颜色尽量少用到卧室里。不管是在卧室的墙壁上还是卧室家具上，卧室颜色的搭配选择都应该协调，如枕头颜色也该是柔和的色调。卧室颜色搭配是应该体现在卧室的每一个物品上的，这样才会营造一个良好的休息环境。卧室颜色在选择适宜人居住休息的暖色调的前提下，也可以根据个人喜好来选择点缀色，使卧室氛围能更贴合自身心理，从而营造出更适合的休憩空间。

▲ 蓝色为中性色，再以大面积紫色作为搭配，形成了浪漫神秘的卧室环境

5. 卧室照明设计要点

卧室是休息的地方，除了提供养眼的柔和光源之外，更重要的是要以灯光的布置来缓解白天紧张的生活压力。卧室照明应以柔和为主，可分为照亮整个室内的吊顶灯、床灯以及低的夜灯。吊顶灯应安装在光线不刺眼的位置；床灯可使室内的光线变得柔和，充满浪漫的气氛；而夜灯投出的阴影可使室内看起来更宽敞。

▲ 散发黄色柔光的吊顶灯悬挂于床尾，照射的光线温和而不刺眼，充满平和之感

6. 软装饰品的应用

卧室的软装饰品最好能营造一种安静平和的气氛，以满足居住者休憩需求。因此，卧室装饰不仅要与卧室整体设计统一，还要注意不能出现过于激烈或者消沉的色彩或图案。卧室里常摆放与整体氛围统一的布艺织物，也可以选择题材温馨祥和的装饰画作为墙面点缀，或是摆放香气淡雅的装饰花卉。

▲ 绣花布艺与卧室整体设计追求相吻合，点缀的装饰花艺也与床品呼应，营造出自然、舒适的氛围

7. 卧室多功能设计

卧室一般处于居室空间最里侧，具有一定的私密性和封闭性，其主要功能是睡眠和更衣，此外还应设有储藏、娱乐、休息等空间，可以满足各种不同的需要。所以，卧室实际上是具有睡眠、娱乐、梳妆、盥洗、读书、看报、储藏等综合实用功能的空间。

▲ 将飘窗设计成阅读区，一边墙面放置小型收纳柜，既满足阅读需求，又能进行收纳

▲ 卧室面积足够大时，可在床尾摆放小型沙发和茶几，形成独立的坐立空间，为家庭成员之间的亲密沟通提供场所

▲ 卧室中可以用玻璃隔墙设立出单独的卫浴间，以满足居住者的梳妆或盥洗需求

四、书房设计

1. 书房格局设计要点

当居室中不能单辟一个房间来做书房时，可以选择半开放式书房。例如在客厅的角落或餐厅与厨房的转角，或卧室里靠落地窗的墙面放置书架与书桌，自成一隅，却也与家里的空间和谐共处。如果居室面积足够，可以选择采光较好的、空气相对流通的房间作为书房，将书柜摆放在不影响光线照射的位置或书桌边，可以有利于使用者安心工作、学习。

▲ 选择采光条件良好的房间作为书房，可以提高办公效率

2. 书房平面布局

种类	图例	简介
T 型		**适用空间：** 小面积书房 **适用装修档次：** 经济型装修、中等装修 **适用居住人群：** 新婚夫妇、单身人士 **要点：** 适合于藏书较多、开间较窄的书房

续表

种类	图例	简介
L 型		**适用空间：**小面积书房、大面积书房均可 **适用装修档次：**经济型装修、中等装修 **适用居住人群：**新婚夫妇、三口之家 **要点：**书桌靠窗放置，书柜放在边侧墙处
并列型		**适用空间：**适合大面积书房 **适用装修档次：**经济装修、中等装修、豪华装修 **适用居住人群：**新婚夫妇、三口之家 / 二胎家庭 **要点：**墙面满铺书柜，侧墙开窗，使自然光线均匀投射到书桌上，采光性强
一字型		**适用空间：**适合小面积书房 **适用装修档次：**经济装修 **适用居住人群：**单身人士 **要点：**书桌摆在书柜中间或靠近窗户的一边

3. 墙、地、顶的选材与设计

书房要求安静的环境，因此要选用那些隔音、吸音效果好的装饰材料。如吊顶可采用吸音石膏板，墙壁可采用PVC 吸音板或软包装饰布等装饰材料，地面则可采用吸音效果佳的地毯；窗帘要选择较厚的材料，以阻隔窗外的噪声。

▲ 厚实的地毯与实木的吸音板为书房创造了清静安宁的环境

▲ 材质较厚的窗帘搭配轻薄纱帘，既能满足隔音需求，又能保证书房光线充足

4. 书房色彩设计法则

书房色彩既不要过于耀目，又不宜过于昏暗，而应当选取柔和色调的色彩装饰。采用高度统一的色调装饰书房是一种简单而有效的设计手法，完全中性的色调可以令空间显得稳重而舒适，十分符合书房的特质。但需要注意的是，必须让这种高度统一的空间中有一些视觉上的变化，如空间的外形、选用的材质等，否则就会显得单调。

▲ 书房以中性色为主，显得稳重而舒适，加入暖色系黄色作为点缀，视觉上产生了变化，显得不单调枯燥

5. 书房照明设计要点

书房灯具一般应配备有整体照明用的吊灯、壁灯和局部照明用的写字台灯。此外，还可以配一个小型的床头灯，能随意移动，可安置于组合柜的隔板上，也可放在茶几或小柜上。另外，书房灯光应单纯一些，在保证照明度的前提下，可配乳白或淡黄色壁灯与吸顶灯。

▲ 除了顶面使用筒灯进行照明外，还可以在桌面摆放小的台灯，对桌面进行局部照明

▲ 光线充足的书房可以使用壁灯作为主照明，台灯、落地灯作为局部照明

6. 软装饰品的应用

书房装饰品应以清雅、宁静为主，不要太过鲜艳跳跃，以免分散学习工作的注意力。色调选择上也要在柔和的基础上偏向冷色系，以营造出“静”的氛围。配画构图应有强烈的层次感和远延拉伸感，在增大书房空间感的同时，也有助于缓解眼部疲劳。

▲ 书房整体为棕色系，视觉上低调沉稳，给人以踏实、安定的感觉

7. 书房多功能设计

家中的会客空间一般设置在客厅，除此之外，书房的气质与功能也很适合作为会客空间。因此，不妨在书房中安排一张沙发，如果有条件，还可以设置茶几或边几，以作临时的会客区；此外，如果书房的面积够大，则可以摆放一张睡床，作为临时的休息空间。

▲ 书房可以结合娱乐、阅读和休憩功能，可以在一侧摆放一张长榻，作为临时休息空间

五、厨房设计

厨房设计

1. 厨房格局设计要点

设计时，需要先确定煤气灶、水槽和冰箱的位置，然后再按照厨房的结构面积和业主的习惯、烹饪程序安排常用器材的位置，可以通过人性化的设计将厨房死角充分利用。例如，通过连接架或内置拉环的方式让边角位也可以装载物品；厨房里的插座均应在合适的位置，以免使用时不方便；门口的挡水应足够高，防止发生意外漏水现象时水流进房间。

◀ 将橱柜、厨具和各种厨用家电进行合理布局，实现厨房用具一体化

2. 厨房平面布局

种类	图例	简介
一字形		**适用空间：**小面积厨房 **适用装修档次：**经济型装修 **适用居住人群：**新婚夫妇、单身人士 **要点：**在厨房一侧布置橱柜等设备；以水池为中心，左右两边分开操作，可用于开间较窄的厨房
对面型		**适用空间：**大面积厨房 **适用装修档次：**经济型装修、中等装修 **适用居住人群：**新婚夫妇、三口之家 **要点：**沿厨房两侧较长的墙并列布置橱柜，将水槽、燃气灶、操作台设为一边，将配餐台、储藏柜、冰箱等电器设备设为另一边

续表

种类	图例	简介
L 形		**适用空间：**小面积厨房、大面积厨房均可 **适用装修档次：**经济装修、中等装修、豪华装修 **适用居住人群：**新婚夫妇、三口之家 / 二胎家庭、三代同堂 **要点：**将台柜、设备贴在相邻墙上连续布置，一般会将水槽设在靠窗台处，而灶台设在贴墙处，上方挂置抽油烟机
U 形		**适用空间：**大面积厨房 **适用装修档次：**中等装修、豪华装修 **适用居住人群：**新婚夫妇、三口之家 / 二胎家庭、三代同堂 **要点：**将厨房相邻三面墙均设置橱柜及设备；操作台面长，储藏空间充足
岛形		**适用空间：**小面积厨房、大面积厨房均可 **适用装修档次：**经济装修、中等装修、豪华装修 **适用居住人群：**新婚夫妇、三口之家 / 二胎家庭、三代同堂 **要点：**在较为开阔的 U 形或 L 形厨房的中央设置一个独立的灶台或餐台，四周预留可供人通过的走道空间

3. 墙、地、顶的选材与设计

厨房墙面多选择瓷砖铺贴，因为厨房是重油烟污染区，而瓷砖因其光滑、透气等特性能让日后的清洁、维护更加便利；厨房顶面则可以选择集成吊顶，不仅具有防潮、防腐、防火的性能，而且抗变形能力强，清洁起来也更方便；厨房地面需要注意的就是防滑、排水、易清洁的问题。厨房是用水较多的区域，所以防水、防滑是十分必要的。因此，可以选择亚光面瓷砖，这样能够降低厨房地面潮湿引起滑倒的可能性。

▲ 墙面铺贴两种颜色的釉面砖，美观又方便打理

4. 厨房色彩设计法则

由于厨房中存在大量的金属厨具，因此墙面、地面可以采用柔和及自然的颜色。另外，可以用原木色调加上简单图案设计的橱柜来增加厨房的温馨感，尤其是浅色调的橡木纹理橱柜可以令厨房展现出清雅、脱俗的美感。

▲ 原木色调与浊色调墙面形成清爽的氛围感

5. 厨房照明设计要点

厨房照明主灯光可选择日光灯，其光量均匀、清洁，给人一种清爽感觉。然后再按照厨房家具和灶台的安排布局，选择局部照明用的壁灯和工作面照明用的、高低可调的吊灯，并安装有工作灯的脱排油烟机，贮物柜可安装柜内照明灯，使厨房内操作所涉及的工作面、备餐台、洗涤台、角落等都有足够的光线。

▲ 简单利落的双排筒灯作为主照明光源，操作台面上也可安装柜内照明，使厨房看上去干净、清洁

6. 软装饰品的应用

厨房墙面的处理可以采用艺术画或装饰性的盘子、碟子，这种处理可以增添厨房里的宜人氛围。如果厨房空间较小，作配饰设计时可以选择同样色系的饰品进行搭配。如白色系的厨房，可以选购白色系的配饰，然后再局部点缀一些深色系的饰品，会让空间更有层次感。

▲ 在台面一角摆放上装饰盘或鲜花，可以为厨房增添活跃气氛

六、卫浴设计

1. 卫浴格局设计要点

卫浴容易积聚潮气，所以要注意光线及通风。选择有窗户的明卫最好；如果是暗卫，则需装一个功率大、性能好的排气换气扇。卫浴设计除合理布置卫生洁具外，还应考虑有物品的悬挂和贮存空间，同时要注重安全性，最好干湿分离。如果卫浴空间较小，可以选择简洁的沐浴房，如果卫浴面积足够大，可选择异形浴缸或按摩浴缸。

◀ 卫浴间容易积聚潮气，所以最好可以有窗户或良好的排气换气扇

2. 卫浴平面布局

种类	图例	简介
半套卫浴间		**适用空间：** 小面积卫浴间 **适用装修档次：** 经济型装修 **适用居住人群：** 新婚夫妇、单身人士 **要点：** 坐便器尽量规划在门后或是墙边角落；坐便器旁边的空间最少要保持 70cm 以上
双台面卫浴间		**适用空间：** 小面积卫浴间、大面积卫浴间均可 **适用装修档次：** 经济型装修、中等装修 **适用居住人群：** 新婚夫妇、三口之家 **要点：** 长方形的卫浴空间更方便分隔

续表

种类	图例	简介
四件式卫浴间		**适用空间：**大面积卫浴间 **适用装修档次：**中等装修、豪华装修 **适用居住人群：**新婚夫妇、三口之家／二胎家庭、三代同堂 **要点：**长方形卫浴间更适合四件式卫浴间规划

3. 墙、地、顶的选材与设计

由于卫浴空间是家里用水最多，也是最潮湿的地方，因此其使用材料的防潮性非常关键。卫浴间的地面一般选择瓷砖、通体砖来铺设，因其防潮效果较好，也较容易清洗；墙面也最好使用瓷砖，如果需要使用防水壁纸等特殊材料，就一定要考虑卫浴间的通风条件。

▲ 墙面与地面使用易清洗、打理的瓷砖，不仅美观而且实用

4. 卫浴色彩设计法则

卫浴通常都不是很大，但各种盥洗用具复杂、色彩多样，为避免视觉的疲劳和空间的拥挤感，应选择清洁、明快的色彩为主要背景色，对缺乏透明度与纯净感的色彩要敬而远之。

▲ 白色系为主的卫浴间，加入稳重大方的棕色，可以减少白色带来的空寂感

5. 卫浴照明设计要点

卫浴是一个使人身心放松的地方，因此要用明亮柔和的光线均匀地照亮整个浴室。许多卫浴间的自然采光不足，必须借助人工光源来解决空间的照明。一般来讲，卫浴间要采用整体照明和局部照明营造“光明”。卫浴的整体灯光不必过于充足，朦胧一些，有几处强调的重点即可，因此局部光源是营造空间气氛的主角。

淋浴区域能够通过在淋浴房的背后区域上方安装嵌顶灯来达到照亮墙面的效果。因为目光容易被较亮的物体吸引，所以这是卫浴间最好的灯光设计，它能从视觉上起到拓展空间的作用。

▲ 镜前灯可以清晰照亮面容，解决照镜子时背对顶面灯具而照不清面容的问题

6. 软装饰品的应用

塑料是卫浴间里最受欢迎的材料，色彩艳丽且不容易受到潮湿空气的影响，清洁方便。使用同一色系的塑料器皿，包括纸巾盒、肥皂盒、废物盒，还有一个装杂物的小托盘，会让空间更有整体感。此外，陶瓷、玻璃等工艺品也十分适合装饰潮湿的卫浴间。

▲ 在洗手台上放置样式精美的肥皂盒或小托盘，也可以摆上独特造型的香薰台，会让空间更有整体感

七、玄关设计

1. 玄关格局设计要点

玄关间隔不宜太高或太低，而要适中。若是玄关间隔太高，身处其中便会有压迫感；而玄关间隔太低，则失去了玄关分隔的效果。因此，玄关分隔一般以2m的高度最为适宜。玄关间隔的下面可以做成柜子，高88cm左右；上面可做成展示柜。

▲ 镂空隔断玄关不仅可以满足收纳需求，还能引入光线，显得更宽敞明亮

2. 玄关平面布局

种类	图例	简介
门厅型		**适用空间：**大面积玄关 **适用装修档次：**中等装修、豪华装修 **适用居住人群：**新婚夫妇、三口之家／二胎家庭、三代同堂 **要点：**选一款精致的玄关桌或收纳型矮柜，可以兼顾美观展示和实用

续表

种类	图例	简介
影壁型		适用空间：小面积玄关、大面积玄关均可 适用装修档次：经济型装修、中等装修 适用居住人群：新婚夫妇、三口之家 要点：利用贴墙的优势，可以做一个到顶式的玄关柜
走廊型		适用空间：小面积玄关、大面积玄关 适用装修档次：经济装修、中等装修、豪华装修 适用居住人群：新婚夫妇、三口之家 / 二胎家庭、三代同堂 要点：门与室内直接相通，中间经过一段距离；是最常见的形式

3. 墙、地、顶的选材与设计

玄关装修中，选择合适的材料，才能为整体居室起到“点睛”的作用。如玄关地面最好采用耐磨、易清洗的材料；墙壁的装饰材料，一般都和客厅墙壁统一，不妨在购买客厅材料时，多预留一些。

▲ 大理石地砖耐磨性好，也容易清洗，与空间整体搭配显得朴素大方

4. 玄关色彩设计法则

玄关空间一般都不大，并且光线也相对暗淡，因此用清淡明亮的色调能令空间显得开阔。另外，玄关色彩不宜过多。墙面可采用纯色壁纸或乳胶漆，避免在这个局促的空间里堆砌太多让人眼花缭乱的色彩与图案。

▲ 浅橡木色使原本狭窄的玄关空间显得开阔明朗

5. 玄关照明设计要点

玄关一般都不会紧挨窗户，要想利用自然光的介入来提高空间的光感是不可奢求的。因此，必须通过合理的灯光设计来烘托玄关明朗、温暖的氛围。一般在玄关处可配置较大的吊灯或吸顶灯作主灯，再添置些射灯、壁灯、荧光灯等作辅助光源。还可以运用一些光线朝上射的小型地灯作点缀。

▶ 一字排开的射灯均匀地从上方照射下来，烘托得玄关明朗、温馨

6. 软装饰品的应用

玄关不仅要考虑功能性，装饰性也不能忽视。一幅装饰画、一张充满异域风情的挂毯，或者只需一个与玄关相配的陶瓷花瓶和几枝干花，就能为玄关烘托出非同一般的氛围。另外，还可以在墙上挂一面镜子，或不加任何修饰的方形镜面，或镶嵌有木格栅的装饰镜，不仅可以让业主在出门前整理装束，还可以扩大视觉空间。

▲ 在入玄关处摆放两个陶瓷花瓶，插上简单大方的插花，让人可以第一眼就拥有美好的心情

八、走廊设计

1. 走廊设计要点

走廊的设计首先要避免过于昏暗和拥挤，既要与整体居室协调，也要保证通畅感。在设计走廊时，不宜将走廊位置设在房屋中间，这样会将房子一分为二；同时，走廊不宜超过房子长度的三分之二，否则容易引起视觉拥挤感。走廊的宽度通常为90~130cm最为合适。走廊不宜占地面积太多，走廊越大，房子的使用面积自然会减少。

▲ 走廊面积足够时，可以将走廊改造成休闲区，展现别具一格的设计感

2. 墙、地、顶的选材与设计

走廊吊顶宜简洁流畅，图案以能体现韵律和节奏的线型为主，横向为佳。吊顶要和灯光的设计协调。顶面尽量用清浅的颜色，不要造成凌乱和压抑之感。墙面一般不要做过多装饰和造型，以免占用过多的空间，添加一些具有导向性的装饰品即可。地面最好用耐磨、易清洁的材料，地砖的花纹或者木地板的花纹最好横向排布。

▲ 简单的白色吊顶和简洁装饰线修饰的纯色墙面带来整齐利索的观感；颜色别致的花砖将空间重心下移，从而减少压抑之感

3. 走廊色彩设计法则

走廊往往给人单一的感觉，可以运用地面铺贴的块阶设计来修饰其不足之处。例如，走廊的地面色彩沿用居室的主色调，从视觉上让整体环境更协调，之后，用不同材料或颜色的块阶设计来表现空间独特的一面。这样的设计可以令空间在心理上无形被扩大，同时令整体的视觉更有回旋的空间感。

▲ 走廊色彩沿用米黄色主色调，视觉上与客厅更协调

4. 走廊照明设计要点

走廊应该避免只依靠一个光源提供照明，因为一个光源往往会令人把注意力都集中在它上面，而忽略了其他因素，也会给空间造成压抑感，因此走廊的灯光应该有层次，通过无形的灯光变化让空间富有生命力。而在灯具的选择上，不需要花大钱，那些小巧而实用的射灯和壁灯就是最好的选择。

▲ 小巧而实用的射灯不会让走廊显得拥挤、压抑，反而更显得简洁大方

5. 走廊饰品的应用

在走廊的一侧墙面上，可做一排高度适宜的玻璃门吊柜，内部设多层架板，用于摆设工艺品等物件；也可将走廊墙做成壁龛，架上摆设玻璃器皿、小雕塑、小盆栽等，以增加居室的文化与生活氛围。另外，在走廊的空余墙面挂几幅尺度适宜的装饰画，也可以起到装饰美化的作用。

▲ 在走廊一侧墙放置大小适中的边柜，摆放上独特的工艺摆件或装饰画，可以起到装饰美化的作用

九、隔断设计

隔断设计

1. 隔断设计要点

隔断是整个居室的一部分，颜色应该和居室的基础部分协调一致。隔断不承重，所以造型不受限制，是一种非功能性构件，装饰效果可以放在首位。设计应注意高矮、长短和虚实等的变化统一。一般来说，当家居的整体风格确定后，作为局部的分隔设计也应采用这种风格，从而达到整体效果的协调一致。

▲ 大理石悬空隔断使整体空间设计更有艺术性

2. 隔断的种类及应用

推拉式隔断

推拉式的分隔方式可以灵活地按照使用要求把大空间划分为小空间或再合并空间。推拉式隔断的设计形式一般为推拉门，最常见的材质为玻璃，被广泛应用于厨房、卫浴等空间的分隔，以增强空间的通透性。另外，玻璃+板材材质设计可用于古典风格中，玻璃+铝合金型材则简洁、清爽，适合现代风格。

▲ 推拉门式的玻璃隔断不仅节约空间，而且也不会阻断光线，能使居室更加明亮

镂空式隔断

镂空式隔断不会遮挡阳光，也不会阻隔空气的流通，还能提高装修档次，在颜色和花型的选择上也丰富多样，因此受到很多业主的青睐。镂空隔断的花式一定要与家居整体风格相协调，如冰裂纹花格适合中式家居、大马士革花格适合欧式家居等。

▲ 镂空式隔断的装饰性较强，对齐摆放的形式充满大方雅致的设计美感

隐性式隔断

指将一个原有的整体空间，利用顶面高低、灯光、地面材料等的不同来分隔成隐性的两个以上区域的设计手法。

▲ 通过墙面的改造，形成隐性式隔断，区分出两个不同的空间，十分实用、有趣

柜体式隔断

柜体式分隔设计主要是运用各种形式的柜子来进行空间分隔。这种设计能够把空间分隔和物品贮存两种功能巧妙地结合起来，不仅节省空间面积，还增加了空间组合的灵活性。

▲ 客厅与玄关以玻璃酒柜为隔断分隔，既节约空间，又美观时尚

活动式隔断

具有采光好、隔音强的特点；融合现代装饰概念，既拥有传统的围合功能，更具储物、展示效果，不仅节约家居空间，而且可使空间富有个性。

▲ 活动式隔断在开闭时可以形成两个空间和合并空间，可使居室充满设计感

固定式隔断

固定式分隔设计多以墙体形式出现，既有常见的承重墙、到顶的轻质隔墙，也有通透的玻璃隔墙、不到顶的隔板等。此外，像隔断式吧台、栏杆、罗马柱等，也属于固定式隔断的范畴，不仅起到隔断作用，也具备实用性和装饰功能。固定式隔断常用于划分和限定家居空间，由饰面板材、骨架材料、密封材料和五金件组成。

▲ 以承重墙为固定式隔断来划分客厅与餐厅，显得干脆而利落

十、阳台设计

1. 阳台设计要点

在家居空间中，阳台充当着重要的角色，其设计要点是偏重实际使用功能，在平面尺寸、位置等方面具有较为特定的要求。一般阳台分为内阳台和外阳台两种，内阳台一般采用塑钢窗与外界隔离，外阳台向外界敞开，不封闭。在设计阳台时，墙地砖的色彩、样式应与居室整体协调，视觉上可以有扩大空间的效果。阳台上除了晾晒功能外，还可以摆放盆栽花草，打造实用又美观的空间区域。

▲ 封闭式阳台的设计可以延续客厅的整体风格，这样可以有视觉上的扩大效果

2. 阳台的建材选用

阳台是居室最接近自然的地方，应尽量考虑用自然的材料，避免选用瓷片、条形砖这类人工的、反光的材料。天然石和鹅卵石都是非常好的选择。光着脚踏上阳台，让肌肤和地面亲密接触，感觉舒服自在。鹅卵石对脚底有按摩作用，能舒缓疲劳。而且，纯天然的材料更容易与室内装修融为一体，用于地面和墙身都很合适。

▲ 在阳台可以选择鹅卵石作为地面材料，将天然感融入居室之中

3. 阳台色彩设计法则

阳台的空间既是整体空间的一部分，又带有独立性，所以在色彩的选择上可以尽量与居室的主色调一致，从视觉上让整体环境更协调，也更宽敞。局部可以使用不同的颜色进行点缀来表现阳台的独特功能性，从而打造出对立而统一的阳台空间。

▲ 整体延续客厅的黄灰色，视觉上满足协调性；同时加入白色点缀，凸显独特个性

4. 阳台的家具布置

阳台最好选用防水性能较好、不易变形的家具。木质家具比较朴实，最贴近自然；金属家具较能承受户外的风吹雨打，而且风格现代、简洁，是不错的选择。在布置方面，阳台窄一点的，可以放上一张逍遥椅；宽一点的，可以放上漂亮的小桌椅；而大型的露台内，一把亮丽的遮阳伞是必不可少的，再摆几个别致的饰物，阳台顿时显得生动许多。

▲ 金属小桌椅比较适合开放式阳台，能承受风吹雨打；造型上也简洁灵巧，不会让阳台显得拥挤

第四章　配色设计

在所有的家居设计元素中，色彩是最吸引人注意力的一个元素，当我们进入家居空间后，首先吸引我们的就是配色，然后才是造型、材质等其他元素。正确合适的配色可以塑造与众不同的家居环境，奠定空间印象，展现空间特色。

一、色彩常识

1.色彩的分类

丰富多样的颜色可以分成两个大类，即无彩色系和有彩色系。有彩色具备光谱上的某种或某些色相，统称为彩调。与此相反，无彩色没有彩调。另外，无彩色有明有暗，表现为白、黑，也称色调。有彩色的表现则很复杂，但可以用色相、明度和纯度来确定。

有彩色系

有彩色系包括冷色、暖色和中性色。一般来说，暖色系包括红、橙、黄，给人感觉较为热情、活泼；冷色系包括青、蓝，给人带来清新、距离感；而中性色则包括紫、绿。冷色具有收缩感，使房间略显宽敞；暖色则具有膨胀感，能够使房间显小。

▶ 暖色为主的配色，塑造出温馨而活泼的气氛

无彩色系

无彩色系是指除了彩色以外的其他颜色，常见的有黑、白、银、金、灰，彩度接近于0，明度变化从0到100。其中，银色也属于灰色变化的一种。

▲ 无彩色系三色搭配，可呈现简单、个性的空间氛围

2.色彩的三属性

色相、纯度及明度为色彩的三种属性。纯度指的是色彩的饱和程度。明度是指色彩的深与浅所显示出的程度，明度变化即深浅的变化。进行家居配色时，遵循色彩的基本原理、使配色效果符合规律才能够打动人心，而调整色彩的任何一种属性，整体配色效果都会发生改变。

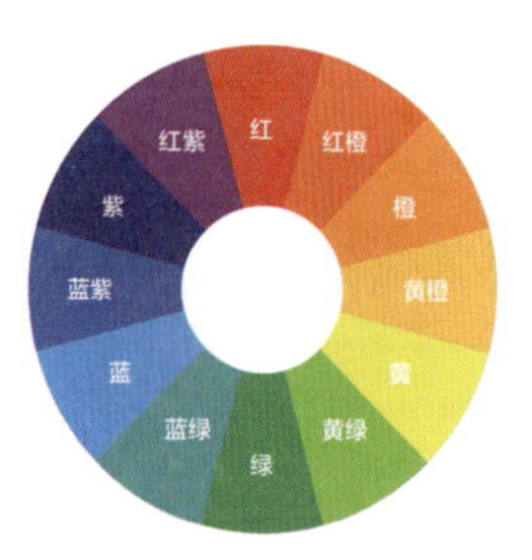

▲ 12 色相环

色相

色相是色彩的首要特征，是区别各种不同色彩的最准确的标准。事实上，任何黑白灰以外的颜色都有色相的属性，而色相也就是由原色、间色和复色来构成的，是一种色彩区别于其他色彩的最准确标准。即便是同一类颜色，也能分为几种色相，如黄色可以分为中黄、土黄、柠檬黄等；灰色则可以分为红灰、蓝灰、紫灰等。

常见的色相分为12色和24色两种，分类比较详细。原始的构成原色是六种色彩，即三原色和三间色，三原色为红、黄、蓝，三间色为橙、绿、紫。在各色中间加插一两个中间色，其头尾色相，按光谱顺序为：红、红橙、橙、橙黄、黄、黄绿、绿、蓝绿、蓝、蓝紫、紫、紫红。

▲ 24 色相环

色相的对比

色相的对比分为邻近色、对比色和同色型，色相环上15度以内的色相为邻近色，反之为对比色。同色型为同色系的不同色度对比，如蓝色中加入黑色、白色或灰色调和。

邻近色色相十分近似，具有单纯、柔和、高雅、文静、朴实和融洽的效果；缺点是色相之间缺乏个性差异，效果较单调。对比色颜色差异比较大，搭配起来比较刺激、丰富；缺点是容易造成视觉疲劳，所以不建议大面积使用。

▲ 相近色对比配色，给人和谐、舒适的视觉效果

▲ 红色与蓝色为对比色搭配，为儿童房增添活跃感

常见色相的情感意义

当不同波长的光信息作用于人的视觉器官，通过视觉神经传入大脑后，人经过思维会与以往的记忆及经验产生联想，从而形成一系列的色彩心理反应，称为“色相的情感意义”。了解色相的情感意义，能够有针对性地根据居住者的性格、职业来选择适合的家居配色方案。

红色

热烈、喜庆、热情、浪漫

橙色

温暖、友好、开放、趣味

黄色

欢乐、积极、单纯、活泼

绿色

安全、宁静、平和、自然

蓝色

沉静、理智、忧郁、清爽

紫色

神秘、浪漫、优雅、高贵

▲ 选择一面墙刷涂成红色，可以为空间增添喜庆、热情的氛围

明度

明度指色彩的明亮程度，明度越高的色彩越明亮，反之则越暗淡。纯色本身就有明度变化，从12色相环图中我们可以看到，黄色明度最高，紫色明度最低，其他颜色则依次形成明度的过渡转化。此外，在无彩色系中，白色明度最高，黑色明度最低，黑与白之间有明度渐变的灰色系列。要提高一个颜色的明度，可适量加入白色；要降低一个颜色的明度，可适量加入黑色，但在加白或加黑的同时，颜色的纯度也会降低。

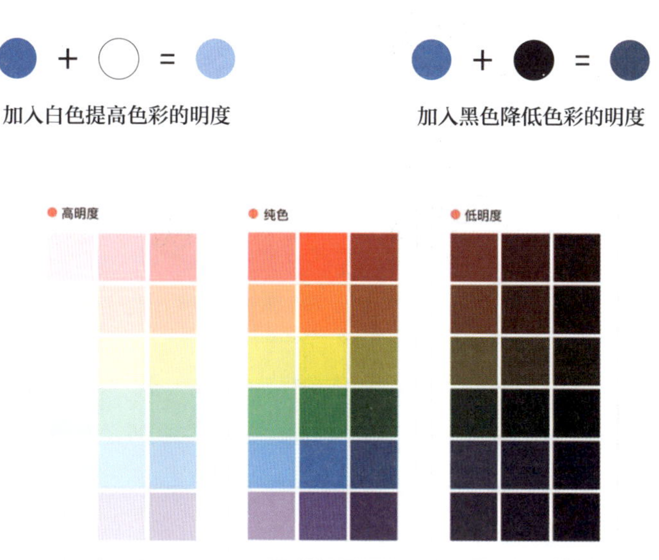

明度差的搭配效果

明度高的色彩让人感到轻松、活泼；明度低的色彩则给人沉稳、厚重的感觉。明度差比较小的色彩搭配，可以塑造出优雅、稳定的室内氛围，让人感觉舒适、温馨；反之，明度差异较大的色彩搭配，会得到明快而富有活力的视觉效果。

▲ 高明度的黄色与蓝色搭配，形成活跃、有冲击力的室内效果

▲ 低明度的搭配，给人厚重感

纯度

纯度是说明色质的名称，也称饱和度或彩度、鲜度。色彩的纯度强弱，是指色相感觉明确或含糊、鲜艳或混浊的程度。高纯度色相加白或黑，可以提高或减弱其明度，但都会降低它们的纯度，如加入中性灰色，也会降低色相纯度。色彩的纯度变化，可以产生丰富的强弱不同的色相，而且使色彩产生韵味与美感。

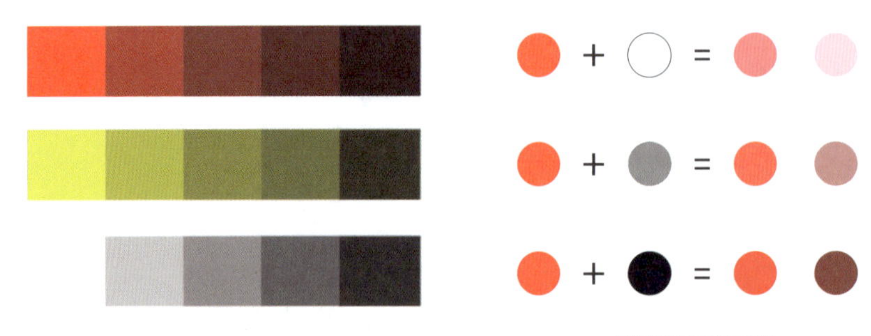

纯度的加法原则

纯度差的搭配效果

根据色环的色彩排列，相邻色相混合，纯度基本不变。对比色相混合，最易降低纯度，以至于成为灰暗色彩。纯度最低的色彩是黑、白、灰。因此，纯度高的色彩给人鲜艳、活跃之感；纯度低的色彩，有素雅、稳重之感。如果进行组合搭配，纯度差异大的色彩搭配可以达到艳丽、活泼的效果；而纯度差异小的色彩搭配，则更容易呈现稳定、平和的效果。

▲ 纯度差异大，视觉效果强烈、饱满

▲ 纯度差异小，给人沉稳的感觉

3.色彩的四种角色

空间配色根据使用面积、应用位置的不同，可归纳为色彩的四种角色。墙地面等的色彩常充当背景，称为“背景色”；大件家具、织物等位于主要地位的色彩称为“主角色”；次于主角色的色彩称为“配角色”，如小体量家具；而起点缀作用的色彩为“点缀色”，常见的有靠枕、花卉等，色彩较强烈。

色彩的四种角色	
背景色	背景色是角落空间中占据最大面积的色彩，引领了整个角落空间的基本格调。在同一角落空间中，家具的颜色不变，更换背景色，就能改变家居空间的整体色彩感觉
主角色	主角色是室内大型家具的色彩，面积中等，通常占据中心位置，例如沙发、床等。一个空间的配色通常会从主角色开始进行，这样的方式可令主体突出，不易产生混乱感，操作起来比较简单
配角色	配角色的面积小于主角色，通常是作为主角色的衬托。配角色的存在，通常可以让空间显得更为生动。配角色通常与主角色存在一些差异，以凸显主角色
点缀色	点缀色是指角落空间中体积小、可移动、易于更换的物体颜色。点缀色通常是一个角落空间中的点睛之笔，用来打破配色的单调，其颜色通常都比较鲜艳

背景色奠定空间基调

在同一空间中，家具的颜色不变，更换背景色，就能改变空间的整体色彩感觉。例如，同样白色的家具，蓝色背景显得清爽，而黄色背景则显得活跃。

▲ 床的颜色不变，背景色为亚麻色使空间显得朴素、温和；背景色变换为灰色，则变成更显冷硬的都市感

主角色构成中心点

主角色是室内大型家具的色彩，面积中等，通常占据中心位置，例如沙发、床等。一个空间的配色通常会从主角色开始进行，这样的方式可令主体突出，不易产生混乱感，操作起来比较简单。

▲ 卧室中，床是绝对的主角，具有无可替代的中心位置

配角色映衬主角色

配角色的面积小于主角色，通常是作为主角色的衬托。配角色的存在，通常可以让空间显得更为生动。配角色通常与主角色存在一些差异，以凸显主角色。配角色与主角色呈现对比，则显得主角色更为鲜明、突出；若与主角色临近，则会显得松弛。通常配角色所在的物体数量会多一些，需要注意控制住它的面积，不能使其超过主角色。

▲ 红色和蓝色为配角色，使空间更为活泼生动

点缀色使空间更生动

点缀色是指角落空间中体积小、可移动、易于更换的物体颜色。点缀色通常是一个空间中的点睛之笔，用来打破配色的单调。对于点缀色来说，它的背景就是它所依靠的主体。例如，沙发靠垫的背景就是沙发，装饰画的背景就是墙壁。因此，点缀色的背景色可以是整个空间的背景色，也可以是主角色或者配角色。在进行色彩选择时，通常选择与所依靠的主体具有对比感的色彩，来制造生动的视觉效果。若主体氛围足够活跃，为追求稳定感，点缀色也可与主体颜色相近。

▲ 玫红色和亮黄色为点缀，丰富空间配色

二、色相型配色

色相型配色

1.同相型配色

同相型配色是指采用同一色相中不同纯度、明度的色彩搭配的配色方式，属于闭锁型配色。这种搭配方式比较保守，具有稳定感，能够形成稳重、平静的效果，带有幻想的感觉。同相型配色比较单调、排外；在家居配色时可以将主角色和配角色采用低明度的同相型色彩，能够给人力量感。

▲ 同相型

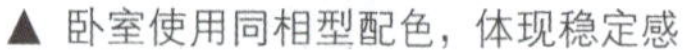

▲ 卧室使用同相型配色，体现稳定感

▲ 绿色同相色的搭配让客厅更有自然田园气息

2.类似型配色

类似型配色是指用色相环上相邻的色彩搭配的配色方式，属于闭锁型配色。这种配色方式比同相型配色的色相幅度有所扩大，仍具有稳定、内敛的效果，但会使家居空间更开放、更活泼一些。在24色色相环上，4份左右的差距为邻近色；同为冷暖色范围内，8份差距也可归为类似型。

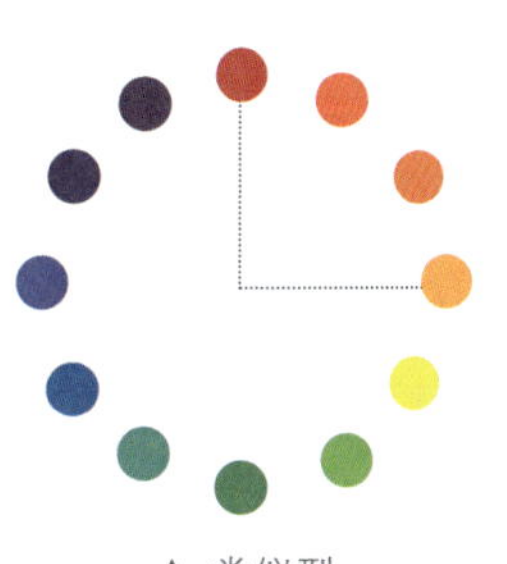

▲ 类似型

▲ 类似型配色给人稳定、内敛的效果

▲ 厨房使用蓝色类似配色，可以带来放松、舒适的氛围

▲ 绿色与黄色类似色相搭配，能够给人朴素平和的感觉

3.互补型配色

互补型是指在色相环上位于180° 相对位置上的色相组合。此种配色方式的特点是比较开放、活泼，色相差大，对比度高，具有强烈的视觉冲击力，能够使家居空间给人留下深刻的印象。 在家居空间中，使用互补型配色方式，可以营造出活泼、华丽的氛围。若为接近纯色调的互补型配色，则可以展现出充满刺激性的艳丽色彩印象。

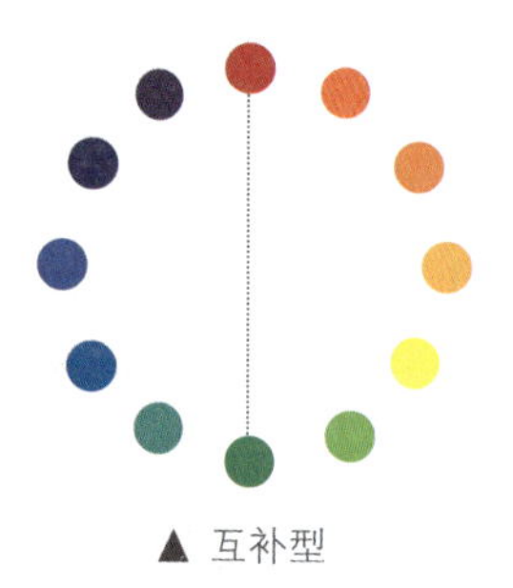

▲ 互补型

▲ 互补型配色对比度高，可以营造出活泼、华丽的氛围

▲ 红色与绿色形成互补型配色，使空间具有强烈的视觉冲击力

4.对比型配色

对比型是指在色相环上接近180°位置上的色相组合，其形成的氛围与互补型类似，但冲突性、对比感缓和一些，兼具一些平衡感。对比型比互补型配色要略为温和一些，可以作为主角色或者配角色使用，若作为背景色，则不宜等比例或大面积使用。

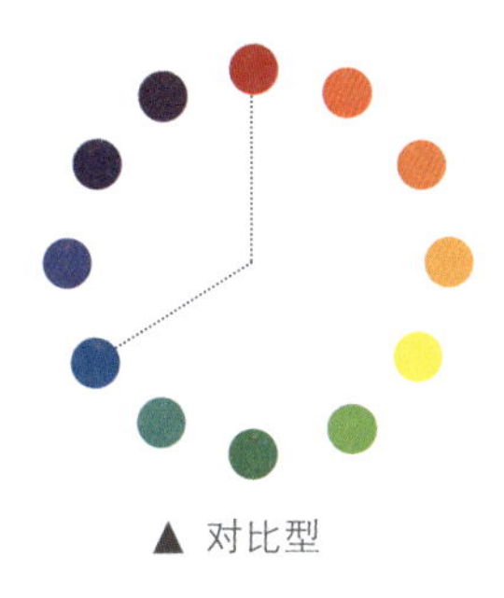

▲ 对比型

▲ 蓝色与红色组成对比型配色，避免了空间的紧张感

▲ 黄色与蓝色的对比型配色使厨房整体变得更活泼

▲ 玫红色与墨绿色形成对比型配色，活跃气氛的同时又不会过于刺激

5.三角型配色

三角型配色是指采用色相环上位于三角形位置上的三种色彩搭配的配色方式，属于开放型配色。最具代表性的是三原色，即红、黄、蓝的搭配。三原色形成的配色具有强烈的视觉冲击力及动感，如果使用三间色进行配色，则效果会更舒适、缓和一些。三角型的配色方式比之前几种配色方式视觉效果更为平衡，不会产生偏斜感。

三角型配色是位于互补型和全相型之间的类型，兼备了两者的长处，视觉效果引人注目而又不乏温和和亲切感。

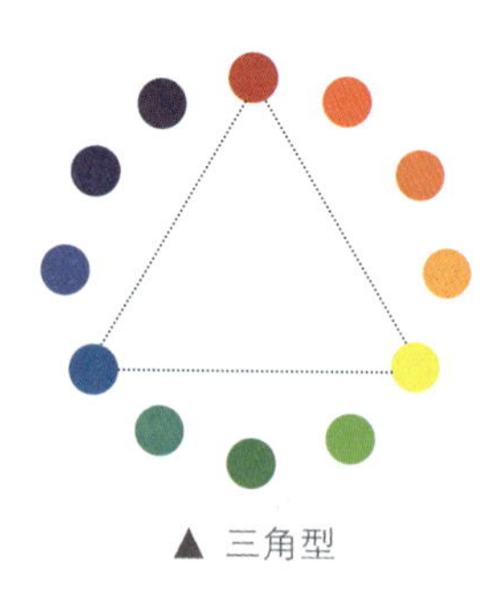

▲ 三角型

▲ 三角型配色沉稳中透着一丝活泼

▲ 淡色调的三角型配色更温和而稳定

6.四角型配色

四角型配色是指将两组互补型或准对比型配色交叉组合形成的配色，属于开放型配色。可以营造出醒目、安定，同时又具有紧凑感的家居环境，比三角型配色更开放、更活跃。在家居空间中，可以尝试通过以点缀身份出现或选择本身包含四角型配色的软装来呈现，这样能更容易获得空间舒适的视觉效果。

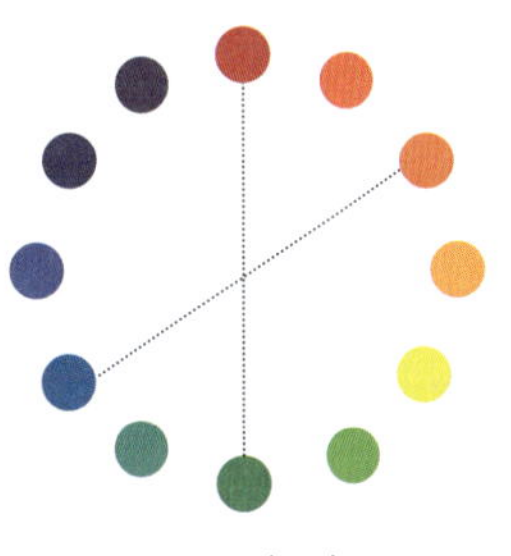

▲ 四角型

▲ 利用红色、黄色、蓝色和绿色靠枕作为点缀，组合成四角型配色方式，使白色系空间更为活跃

▲ 以绿色为背景色，红色为主角色，蓝色和黄色为点缀色，色彩感觉更为活跃

▲ 黄色与蓝色、玫红与绿色的两组准对比色型配色交叉组合形成四角型配色，通过软装点缀空间，营造舒适、时尚的氛围

7.全相型配色

在色相环上，没有冷暖偏颇地选取5～6种色相组成的配色为全相型，它包含的色相很全面，形成一种类似自然界中的丰富色相，充满活力和节日气氛，是最开放的色相型。在家居配色中，全相型最多出现在软装上以及儿童房。通常来说，如果运用的配色有五种，就属于全相型配色，用的色彩越多会让人感觉越自由。全相型配色的活跃感和开放感，并不会因为颜色的色调而消失，不论是明色调还是暗色调，或是与黑色、白色进行组合，都不失其开放而热烈的特性。

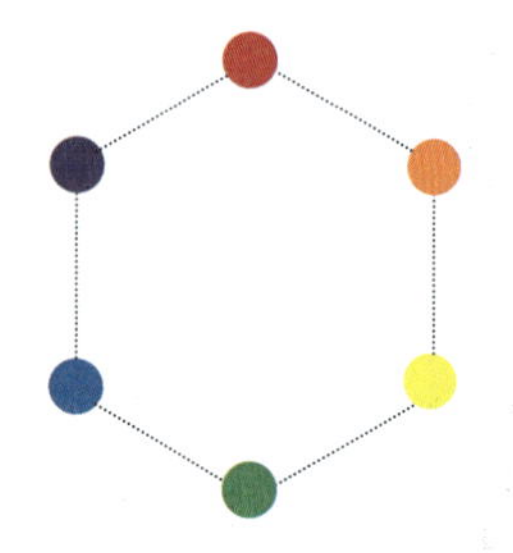

▲ 全相型

▲ 五种色相组合的全相型配色，渲染出节日般的热烈气氛

▲ 五种色相与黑白色进行组合，形成浓郁而热烈的空间效果

▲ 六种色相组合，渲染出活跃、轻松的氛围

三、色调型配色

色调型配色

1.纯色调配色

不掺杂任何黑、白、灰色，最纯粹的色调为纯色调。由于没有混杂其他颜色，所以给人带来活泼、健康、积极的感受。同时，纯色调是淡色调、明色调和暗色调的衍生基础。同相色搭配组合效果内敛、稳定，适合喜欢沉稳、低调的人群。

▶ 纯色调的蓝色墙面，带来沉稳、健康的环境氛围

▲ 蓝色和红色纯色调组合，给人时尚、个性的感觉

2.明色调配色

纯色调中加入少量的白色形成的色调为明色调，其鲜艳度比纯色调有所降低，但完全不含有灰色和黑色，所以显得更通透、纯净，给人以明朗、舒畅的感觉。

▶ 明色调的蓝色带来清新爽朗的感觉

3.淡色调配色

纯色调中加入大量白色形成的色调为淡色调，纯色的鲜艳感被大幅度地减低，因而活力、健康的感觉变弱。由于没有加入黑色和灰色，所以淡色调的空间往往显得甜美、柔和、轻灵。

▲ 淡色调的绿色使人感觉纯净而自然

4.浓色调配色

在纯色中加入少量的黑色形成的色调为浓色调，可以表现出力量感和豪华感。与活泼、艳丽的纯色调相比，浓色调更显厚重、沉稳、内敛，并带有一点素净感。

▲ 紫色加入少量黑色，显得沉稳大方

5.明浊色调配色

淡色调中加入一些明度高的灰色形成的色调为明浊色调，具有都市感和高级感，能够表现出优美而素净的感觉。一般来说，高品位、有内涵的空间很适合运用这类颜色。

▲ 明浊绿色表现出素净优雅的感觉

▲ 明浊蓝色能够展现高级感和都市感

6.微浊色调配色

纯色加入少量灰色形成的色调为微浊色调，它兼具了纯色调的健康感和灰色的稳定感，能够表现出具有素净感的活力，比起纯色调，刺激感有所降低，很适合表现自然、轻松的氛围。

▶ 使用微浊绿色涂刷墙面，更能营造平和、悠闲的空间氛围

7.暗浊色调配色

纯色加入深灰色形成的色调为暗浊色调，它兼具了暗色的厚重感和浊色的稳定感，具有沉稳、厚重的感觉，能够塑造出自然、朴素的氛围及男性色彩印象。

▲ 选择暗浊色的家具可以增添格调感

8.暗色调配色

纯色加入黑色形成的色调为暗色调，是所有色调中最为威严、厚重的色调，融合了纯色调的健康感和黑色的内敛感，能够塑造出严肃、庄严的空间氛围。

▲ 暗色调的绿色使卧室整体氛围变得更忧郁、成熟

▲ 暗色调蓝色沙发使空间氛围更加严肃、冷漠

9.多色调组合配色

一个家居空间中即使采用了多个色相，但色调一样也会让人感觉很单调，且单一色调也极大地限制了配色的丰富性。通常情况下，空间中的色调都不少于3种，背景色会采用2～3种色调，主角色为1种色调，配角色的色调可与主角色相同，也可作区分，点缀色通常是鲜艳的纯色调或明色调，这样才能够组成自然、丰富的层次感。

▲ 红色、黄色和黑色的组合搭配形成抢眼的视觉效果

四、色彩的情感意义

1.红色

红色是最能体现个性的颜色，它象征活力、健康、热情、喜庆、朝气、奔放。人们看见红色会有一种迫近感和心跳加速的感觉，能够引发人兴奋、激动的情绪。大面积使用高纯度红色，容易使人产生烦躁、易怒的感觉；少量点缀使用，则会显得具有创意。

▲ 明度较低的红色运用在餐厅可以活跃用餐氛围

2.粉色

粉红象征温柔、甜美、浪漫、没有压力，可以软化攻击、安抚浮躁。比粉红色更深一点的桃红色则象征着女性化的热情。比起粉红色的浪漫，桃红色是更为洒脱、大方的色彩。粉色可以使激动的情绪稳定下来，有助于缓解精神压力，通常适用于女儿房、新婚房等。

▲ 桃红色给人热情、娇媚的感觉

▲ 加入白色调和的粉色给人淡雅柔和之感

3.黄色

黄色象征着乐观、开朗和幸福。金黄色更容易让人联想到秋天的麦田和阳光，所以常常给人充满希望的感受，黄色能够传递出积极、温暖的力量。同时，黄色也是富贵的象征，利用黄色做点缀，也可以呈现富丽堂皇的效果。如果家居空间采光条件较差，可以使用黄色来提高明度，使空间视觉上更亮堂，提高舒适度。

▲ 亮黄色点缀可以减少白色系的沉闷感，让整个空间活跃起来

4.橙色

橙色融合了红色和黄色的特点，比红色的刺激度有所降低，但又比黄色热烈，具有明亮、轻快、欢欣、华丽、富足的感觉，是最温暖的色相。橙色常会让人联想到橙子，所以也常会给人新鲜、轻快的感觉；而纯度较低的橙色，往往呈现出成熟、富足的感觉，十分适合用于餐厅或衣帽间等区域。

▲ 橙色使卧室看上去更加温馨

5.蓝色

蓝色是非常受欢迎的颜色，它给人博大、静谧的感觉，是永恒的象征。蓝色是天空与大海的颜色，纯净的蓝色能够使人的情绪迅速地镇定下来。 亮蓝色充满了活力感，还带有可爱的清新气息；暗蓝色则透露着冷漠与沉静；而靛蓝色会给人稳重、富有内涵的感觉。在家居中，若居室采光不佳，尽量避免大面积使用明度和纯度较低的蓝色，否则容易使人感觉压抑、沉重。

▲ 蓝色装饰卧室能够营造舒适平和的氛围

6.绿色

在人的视觉光谱中，绿色比起其他颜色更容易被识别，也更受欢迎。绿色是大自然的象征，所以具有和睦、宁静、自然、健康、安全、希望的意义，是一种非常平和的色相。绿色是春季的象征，使人从身体到内心都得到舒缓和放松。

▲ 淡绿色能够给人带来清新平和的感觉

▲ 绿色系空间自然轻快，让人不自觉地感受到舒适与放松

7.紫色

紫色平衡了刺激性的红色与平静的蓝色，因此带有一种神秘的张扬感。紫色的光波最短，在自然界中较少见到，所以被引申为象征高贵的色彩。淡紫色的浪漫，不同于粉红小女孩式的，而是像隔着一层薄纱，带有高贵、神秘、高不可攀的感觉；而深紫色、艳紫色则是魅力十足、有点狂野又难以探测的华丽浪漫。紫色能够提高人的自信，使人精神高涨，因此适合小面积使用；若大面积使用，建议搭配具有对比感的色相，效果更自然。

▲ 紫色家具可以使空间更显典雅奢华

8.褐色

褐色又称棕色、赭色、咖啡色、啡色、茶色等，是由混合少量红色及绿色、橙色及蓝色或黄色及紫色颜料构成的颜色。褐色属于大地色系，可使人联想到土地，使人心情平和。 褐色常用于乡村、欧式古典家居的配色中，也非常适合老人房的家居配色，可带来沉稳的感觉；可以较大面积地使用。

▲ 深褐色搭配可带来沉稳、厚重的感觉

五、色彩印象

1.都市型配色

都市感的配色主要来源于钢筋水泥塑造的大楼、柏油马路等，其材质体现出机械感、现代技术的产物（玻璃等），形成温度感较低的配色印象。都市中以人造建筑为主，会形成人工、刻板的印象。因此，无彩色系中的黑色、灰色、银色等色彩与低纯度的冷色搭配，最能够表现出带有都市色彩的家居配色。若在以上任意组合中添加茶色系，则能够增加厚重、时尚的感觉，可以表现出高质量的生活氛围。

◀ 配色主要来源于都市钢筋水泥塑造的大楼、柏油马路等

都市型配色常以冷色系为主。冷色系一般给人冷静、理性的感觉，其中以微浊色调、暗浊色调为主的蓝色、紫色等冷色系色彩，搭配灰色或黑色，能够表现出具有素雅感的都市色彩印象；或者加入茶色系作为主角色，能够增加空间坚实、厚重的感觉，塑造出具有高质量感的都市氛围；若感觉以冷色系为主的都市型家居配色显得过于清冷，也可以用红色系作为点缀色使用，这样的色彩搭配能够活跃空间氛围，塑造具有时尚感的都市空间。

▲ 红色皮椅活跃冷色系空间氛围，塑造有时尚感的都市空间

▲ 黑色配色给人成熟理智的感觉

2.厚重型配色

厚重型配色

厚重感的家居配色最重要的是体现出时间的积淀。老树、深秋的落叶，以及带有历史感的建筑，都能很好地体现出这一特征。材质上多用木材，可以塑造出带有温暖感的厚重型家居。塑造厚重的配色印象，最重要的是要以暗浊色调的暖色为主，多采用明度和纯度较低的色彩。

若选取两种暗色调进行组合作为主要部分的色彩，厚重感更浓郁。如果不想对比过强，可以用浅米色或米灰色作墙面色彩。为了避免过于沉闷的感觉，可以搭配一些明度较高的色彩来调节氛围。也可以在暗暖色为主的空间配色中，加入一些暗冷色与其形成对比配色，就可以在厚重、怀旧的基础氛围中，增添一丝可靠的感觉。

◀ 时间的沉淀体现出厚重感

在厚重型配色中，常以暗浊色调及暗色调的咖啡色、巧克力色、暗橙色、绛红色等作为主要色彩，这样能够塑造出兼具传统韵味的厚重型家居环境；另外，在暗浊色调为主的居室中，可以加入绿色或紫色等中性色彩作为点缀，使整体氛围不会过于单调。配色时，背景色可以选择白色或浅米色，避免暗沉感。

▲ 棕色电视背景墙带来坚实厚重的成熟品位

▲ 暗色调咖啡色墙面既兼容了现代感，又体现出厚重感

3.自然型配色

自然型配色

自然型家居取色于大自然中的泥土、绿植、花卉等，色彩丰富中不失沉稳。材质主要为木质、纯棉，可以给人带来温暖的感觉。源于自然界的配色最具自然的配色印象，以绿色为最，其次为栗色、棕色、浅茶色等大地色系。其中，浊色调的绿色无论是组合白色、粉色还是红色，都具有自然感，而自然韵味最浓郁的配色是用绿色组合大地色系。

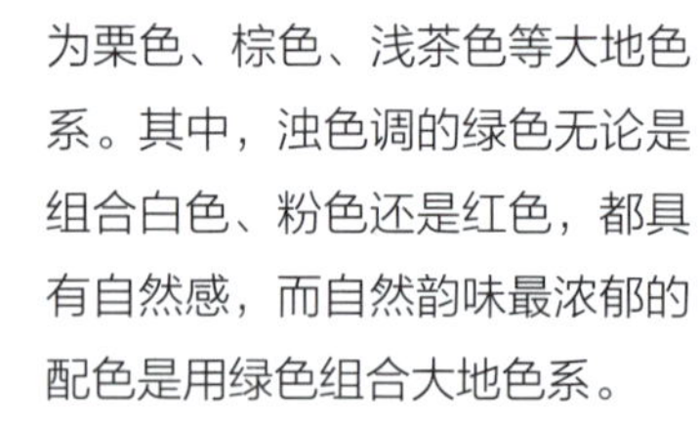
◀ 从大自然之中寻取配色的灵感

自然型配色之中，绿色是最具代表性的自然印象的色彩，能够给人带来希望、欣欣向荣的氛围。若在组合中同时加入白色，显得更为清新；而搭配大地色，则更有回归自然的感觉。除了绿色之外，黄色系同样可以表现出生机盎然的色彩效果，十分适用于自然型家居配色。以绿色为主色时，氛围更清新一些，而以黄色为主色时，则更显居室的温馨效果。

▲ 绿色和黄色的搭配组合使空间除了有清新的自然之感，同时也增添了温馨感

4.清新型配色

清新型的配色主要来源于大海和天空，冷色调的蓝色带有天然的清凉感；另外，自然界中的绿色也带有一定的清爽感。在材质上，轻薄的纱帘十分适合清新型家居。表现具有清爽感的居室，宜采用淡蓝色或淡绿色为配色主体。低对比度融合性配色，是清新型配色的最显著特点。另外，无论是蓝色，还是绿色，单独使用时，都建议与白色组合。白色可做背景色，也可做主角色，能够使清新感更强烈。

在搭配时，要注意尽量避免将暖色调作为背景色和主角色使用，如果暖色占据主要位置，则会失去清爽感。暖色调可以作为点缀色使用，如以花卉的形式表现，弱化冷色调空间的冷硬感。

◀ 蓝天和自然的搭配天生充满清新的美感

明度接近白色的淡色调蓝色，最能传达出清凉与爽快的清新感。这种配色非常适合小户型或者炎热地带，能够为家居环境带来宽敞、整洁的感觉；与淡蓝色系相比，中性色的淡绿色或淡浊绿色，清新中又带有自然感，可以令家居环境显得更加惬意，而不会让人觉得过于冷清； 当用蓝色与绿色组合时，可以选择一种色彩为高明度的淡色调，另一种的纯度稍微高一些，这样的配色比同时使用淡色调或明浊色调的搭配方式，层次更丰富一些。

▲ 淡蓝色墙面将卧室烘托得更平和安静

▲ 绿色系将自然的气息带入居室中

5.活力型配色

活力型配色

活力型的家居配色主要来源于生活中多样的配色，通常以暖色为主，如彩色的房子、彩色玫瑰等；另外，时装周中富有创意的配色，也是借鉴的重点。具有活力感的配色印象，主要依靠高纯度的暖色作为主色来塑造，搭配白色、冷色或中性色，能够使活泼的感觉更强烈。另外，暖色的色调很关键，即使是同一组色相组合，改变色调也会改变氛围，活泼感需要高纯度的色调，若有冷色组合，冷色的色调越纯，效果越激烈。

◀ 以鲜艳明亮的锐调和明调为主，传达出休闲生活的愉悦与活力

用高纯度暖色系中的两种或三种色彩做组合，能够塑造出最具活力感的配色印象。如果用具有活力的橙色作为主角色，搭配白色和少量黄色，则能塑造出明快的色彩印象；以高纯度的暖色为主角色， 并将其用在墙面或家具上，搭配对比或互补的色彩，例如红与绿、红与蓝、黄与蓝、黄与紫等，同样也可以使空间具有活力感。

▲ 蓝色和黄色对比，形成鲜明活跃的空间氛围

▲ 橙色沙发加上蓝色座椅，带来强烈又个性的活力感

6.华丽型配色

华丽感的家居配色来源于女性的服饰，绚丽的色彩运用在家居环境中，可以带来宫殿般的视觉冲击。材质上，可以选择金箔、银箔壁纸，以及琉璃工艺品来增加华丽的感受。华丽的配色效果应以暖色系的色彩为中心，如金色、红色、橙色、紫色、紫红。这些色相的浓、暗色调具有豪华、奢靡的视觉感受。需要注意的是，华丽型配色需和厚重型和活力型配色区分，即厚重型配色运用明显浊化了的暖色，活力型配色运用纯色调的暖色。

◀ 洛可可式建筑成为配色的灵感来源之一

华丽型的家居中，可以使用浓、暗色调的红、橙色系，这样的色彩最能表达出家居印象，体现出浓郁感十足的华丽氛围；或者选择华丽、娇媚的紫红色、紫色为主色，搭配上金色系，体现出奢侈、华美的感觉。

▲ 红橙色装饰营造出浓郁感十足的华丽氛围

7.浪漫型配色

浪漫型配色

浪漫型的家居配色可以取自于婚纱、薰衣草等带有唯美气息的物件。其中，体现女性特征的粉色、紫色、粉蓝色非常受欢迎。材质上可以选择丝绸质地，体现出带有高贵感的浪漫家居。表现浪漫的配色印象，需要采用明亮的色调营造梦幻、甜美的感觉，例如粉色、紫色、蓝色等。另外，如果用多种色彩组合表现浪漫感，最安全的做法是用白色做背景色，也可以根据喜好选择其中的一种做背景色，其他色彩有主次地分布。

◀ 柔媚的粉色带来甜蜜梦幻的浪漫感

用多色彩搭配表现浪漫感时，粉色属于必不可少的一种色彩，即使是作为点缀色也能够增添甜美感。其他色彩如紫色、蓝色、黄色、绿色可随意选择，但主色调应保持在明色调上。淡雅的紫色具有浪漫的感觉，同时还具有高雅感。浪漫型的家居中，可以在紫色系中加入粉色与蓝色，这样的色彩最能表达出家居印象。或明亮、或柔和的粉色都能够给人朦胧、梦幻的感觉，将此类色调的粉色作为背景色，浪漫的氛围最强烈。若同时搭配黄色则更甜美，搭配蓝色则更纯真，搭配白色会显得很干净。

▲ 选择较明亮的色相组合来搭配，最能够塑造浪漫的氛围

8.温馨型配色

温馨型配色

温馨型家居的配色来源主要为阳光、麦田等带有暖度的物品；另外，水果中的橙子、香蕉、柠檬等所具有的色彩，也是温馨型家居的配色来源。材质上可以选择棉、麻、木、藤来体现温暖感。具有温馨感的配色印象主要依靠明亮的暖色作为主色来塑造，常见的色彩有黄色系、橙色系。这类色彩最趋近于阳光的感觉，可以为居室营造出暖意洋洋的氛围。在色调上，纯色调、明色调、微浊色调的暖色系均适用。

◀ 明亮的暖色令整个空间的配色显得温馨、温暖

黄色系是来源于阳光的色彩，用于家居配色中，可以营造出充满温馨感的家居氛围。黄色系尤其适用于餐厅及卧室的配色；而橙色系用于温馨型家居，相较于黄色系，会显得更有安全感。其中，较深的橙色系适合用于卧室，可以令睡眠环境更沉稳。另外，木色系同样代表着自然与温馨，不论用在居室内的地面、墙面还是家具中，都可以令空间呈现出柔和、温暖的氛围。同时，木质的纹理也可以令家居氛围充满变化。

▲ 使用香蕉黄组合电视柜与浅木色背景墙搭配，带来清爽温暖的感觉

▲ 大面积的浅木色可以显得空间更自然和温馨

六、配色与居住人群

男性空间配色

1. 男性空间配色

男性给人的印象是阳刚、有力量的，为单身男性的居住空间设计配色应表现出此种特征。具有冷峻感和力量感的色彩能够代表男性，例如蓝色、灰色、黑色或者暗色调及浊色调的暖色系,也可以依靠蓝色或者黑、灰等无色系结合表现男性理智的一面。若觉得暗沉色调显沉闷，可以用纯色或高明度的黄色、橙色、绿色作为点缀色，但需要控制两者的对比度。通常来说，居于主要地位的大面积色彩，除了白色、灰色外，不建议明度过高。另外，黑、白、灰组合，塑造出的男性特点具有时尚感，若黑色为重点色，则更为严谨、坚实。

◀ 过于淡雅的暖色及中性色具有柔美感，不适合大面积用于男性居住空间的环境色中

深暗的暖色或浊暖色能够展现出厚重、坚实的男性气质，如深茶色、棕色等。此类色彩通常还具有传统感。在设计时，还可以少量加入明色调的点缀色，来中和暗色调的暗沉感；也可以选择暗色调或者浊色调的冷色和暖色组合，通过强烈的色相对比，既能营造出力量感和厚重感，也可以展现出男性气质。除此之外，蓝色加灰色组合，能够展现出雅俊的男性气质。其中，加入白色可以显得更加干练和充满力度，而暗浊的蓝色搭配深灰，则能体现高级感和稳重感。

▲ 浊暖色皮质床彰显男性硬朗之气

▲ 浊调的湖蓝色较为厚重，与灰色搭配，可以更好地表现出男性居室的沉稳感

2.女性空间配色

女性家居的配色不同于男性家居，在使用色相方面基本没有限制，即使是黑色、蓝色、灰色也可以应用，但需要注意色调的选择，避免过于深暗的色调及强对比。另外，红色、粉色、紫色等具有强烈女性主义的色彩在家居空间中运用十分广泛，但同样应注意色相不宜过于暗淡、深重。

女性空间配色

▶ 桃粉色使空间充满甜美柔和的女性魅力

女性空间多以纯色调或明色调的暖色，例如红色、黄色、粉色等为主角色，使其占据主要位置，搭配近似色调的同类色或对比色，组合淡雅一些的点缀色，就能够展现女性活泼的一面；也常常使用糖果色进行配色，如粉色、粉蓝色、粉绿色、粉黄色、明艳紫、柠檬黄、宝石蓝和芥末绿等甜蜜的女性色彩为主色调，这类色彩以其香甜的基调带给人清新的感受。

▲ 粉绿色与橙黄色让空间突破常规的温馨恬静，显得清新俏丽

3.老人房配色

老年人一般都喜欢相对安静的环境，在装饰老人房时需要考虑这一点，使用一些舒适、安逸的配色。例如，使用色调不太暗沉的温暖色彩，表现出亲近、祥和的感觉。红、橙等高纯度且易使人兴奋的色彩应避免使用。在柔和的前提下，也可使用一些对比色来增添层次感和活跃度。

◀ 棕红色家具具有传统韵味，搭配灰蓝色软装，更显精致高雅

老人房配色

在配色上，除了纯色调和明色调外，所有的暖色都可以用来装饰老人房。暖色系使人感到安全、温暖， 能够给老人带来心灵上的抚慰，使之感到轻松、舒适。棕红色具有厚重感和沧桑感，能够更好地表现老年人的阅历，为了避免过于沉闷，加入浅灰蓝色，以弱化的对比色令空间彰显宁静优雅之感。

▲ 砖红色作细节的点缀，为卧室增添一丝温馨

4.婴儿房配色

不同的颜色可以刺激孩子们的视觉神经，让他们从小就能辨别这个五彩缤纷的世界。许多宝宝房都会采用亮丽而明快的色彩，这些色彩以浅色调为主，像淡粉、奶白、浅蓝、翠绿、鹅黄等可爱的色彩经常在宝宝房里出现。

▲ 浅色调的粉色和白色充满温暖柔和的感觉

适合采用淡色调或者明浊色调作为主要色彩，男孩房可以选择淡蓝色、绿色，女孩房可以选择淡粉色、紫色，淡黄色则可以通用。整个空间都用淡色调，虽然感官上很舒适，但难免会产生单调感。因此，地面色彩可以采用沉稳色，如灰色等。

▲ 棕色木地板使淡色调婴儿房多了一丝安稳感

▲ 淡粉色与淡绿色呈现出可爱、温柔的婴儿房效果

5.男孩房配色

男孩房的配色需针对不同年龄段区别对待。0～3岁属于婴幼儿，还没有自主选择色彩的能力，在设计时，选择一些鲜艳的色彩可以促进其大脑发育。3～6岁到了活泼好动的年纪，可以选择常规的绿色系、蓝色系进行配色。而处于青春期的男孩，则会较排斥过于活泼的色彩，应选择趋近于男性的冷色及中性色。

◀ 整体蓝色系空间，加以绿色点缀，突出清爽感

男孩房配色

男孩房可以选择蓝色或绿色系为主色，搭配上白色或淡雅的暖色，能够表现清爽感；如果是年龄较大的男孩，房间可以用纯度低的冷色与类似色调或高明度暖色对比或者利用无色系搭配少量高纯度色彩，来表现大男孩的时尚与个性。

▲ 加入蓝色和黄色混搭，呈现出男孩的热情及活力

▲ 白色系空间加入金色点缀，突出了大男孩的独特个性

6.女孩房配色

暖色系定调的颜色倾向，很多时候会令人联想到女孩子的房间，比如粉红色、红色、橙色、高明度的黄色或是棕黄色。另外，女孩房也常常会用到混搭色彩，来达到丰富空间配色的目的。但需要注意的是，配色不要过于杂乱，可以选择一种色彩，通过明度对比，再结合1~2种同类色来搭配。

◀ 鲜艳的绿色软装点缀，带来娇嫩清新的少女之感

女孩房配色

绿色是非常中性的颜色，装点儿童房可以增加自然感。女孩房中，接近纯色调的绿色最具有活泼感，可以搭配白色和少量黄色，令整体氛围欢快而又充满自然感；当然，暖色系如粉色、红色及中性的紫色，用此类色彩装饰女孩房非常符合其性格特征，表现出女孩的甜美、纯真，使人愉悦而又没有刺激感。

▲ 粉蓝色、粉红色软装搭配呈现出清爽而干净的女孩房效果

7.婚房配色

传统的婚房大多使用红色，以渲染喜庆的气氛，除了选择一种颜色作为房间的主色调外，还需要有一种小的变化。感情热烈的，以暖色系中的红、黄、赭、褐为主体；喜田园诗趣的，以冷色系中的绿、蓝等色为主体。追求个性的年轻人也可以用黄、绿或蓝、白等具有清新感的配色来装饰婚房。但如果不喜欢红色，又不得不用，可以多在软装上使用红色，避免大面积地用在背景上，后期可以随时更换为喜欢的色彩。另外，采用面积、明暗、纯度上的对比来活跃色彩气氛，更是恰到好处。而不大的新房，不适合浓重的颜色。

◀ 利用红色系软装进行局部点缀，将喜庆的氛围融入细节之中

若新婚夫妻两人较为青春、活泼，可以尝试将粉色与粉绿色进行搭配，一暖一冷两种色调的撞击，既不会给人带来强烈的冲击感，又为空间带来了暖意和可爱的氛围；也可以选黄色与红色的配色组合，可以营造出温馨、和谐的婚房氛围，符合新婚夫妇追求甜蜜的诉求。

▲ 粉绿色的加入缓解了粉色造成的过分甜闹气氛，使婚房更显温馨

▲ 红黄色相间的窗帘时尚个性，且能增添热情

第五章　软装设计

软装设计是一门综合性的艺术。它的种类较多，包含了家具、灯具、布艺织物、饰品及绿植花艺等诸多类型。室内软装设计不单单是对一种软装的选择与布置，还要对室内整体的软装进行宏观上的掌控。只顾细节而不兼顾整体，很难得到好的装饰效果。

一、软装家具

1. 家具的定义及分类

家具的四大元素指材料、结构、外观和功能。其中，功能是先导，是推动家具发展的动力，任何一件家具的设计制作都是为了满足使用功能而产生的。家具按照功能性可以分为坐卧家具、储藏家具、凭倚家具、陈列家具和装饰性家具。

常见家具分类

种类	图例	简介
坐卧家具		如椅沙发、床等，满足人们日常的坐、卧需求 尺度要求细分
储藏家具		主要用来收藏、储存物品 包括衣柜、壁橱、书柜、电视柜等
凭倚家具		人在坐时使用的餐桌、书桌等，及站立时使用的吧台等
陈列家具		主要用于家居中一些工艺品、书籍的展示 包括博古架、书柜等

2.家具的空间布置要点

家具的布置应该大小相衬，高低相接，错落有致。家具的摆放必须做到充分利用空间，摆放一定要合理，最好先制作一张家具摆放效果图，达到满意效果以后再进行布置。家具数量要和谐，布置过多的家具，会使人产生压迫感；而布置少量的家具，会给人带来空荡无依感。

▶ 家具的摆放应该满足业主生活习惯与需求，然后考虑是否与居室整体风格统一

二、软装灯具

1.灯具的定义及分类

灯具，是指能透光、分配和改变光源光分布的器具。灯具使光源可靠地发出光线，以满足人类从事各种活动时对光线的需求。如今的灯具已经从单纯的照明用途发展成为兼具实用性和装饰性的软装饰。不仅灯具的造型能够丰富空间，灯光同样可以装饰空间，增加情趣。按照种类，可以将灯具分为吊灯、吸顶灯、落地灯、壁灯、台灯、射灯、筒灯和浴霸灯。

常见灯具分类

种类	图例	简介
吊灯		◎ 吊灯最低点离地面不小于 2.2m ◎ 多用于卧室、餐厅、客厅
吸顶灯		◎ 安装简易，款式简洁 ◎ 适合于客厅、卧室、厨房、卫浴等处
落地灯		◎ 一般放在沙发拐角处，灯光柔和 ◎ 落地灯灯罩应离地面 1.8m 以上
壁灯		◎ 壁灯的灯泡应离地面不小于 1.8m ◎ 适合卧室、卫浴照明
台灯		◎ 工作台、学习台用节能护眼台灯 ◎ 一般客厅、卧室用装饰台灯

续表

种类	图例	简介
射灯		⊙ 安装在吊顶四周、家具上部，或置于墙内 ⊙ 整体、局部采光均可
筒灯		⊙ 嵌装于吊顶内部 ⊙ 装设多盏筒灯，可增添空间柔和气氛
浴霸灯		⊙ 既有照明效果，也可以达到保暖的作用 ⊙ 浴霸灯多用于卫浴

2.室内灯具的设计原则

灯具的色彩、造型、式样，须与室内装修风格和家具的风格相称。华而不实的灯饰非但不能锦上添花，反而是画蛇添足。在灯具色彩的选择上，基本上遵循与室内色彩基调协调的原则。当然，也可根据个人风格喜好，以淡色灯为主，不会造成很大影响。灯具的尺寸、类型、数量要与居室空间大小、占地面积、室内高度等因素相协调。比如，客厅是待人接客的正式场所，要求营造一种温暖热烈的氛围，可以选取明亮、富丽的吊灯或吸顶灯。

▲ 餐桌需要温暖明亮的效果，故宜选用向下直接照射的灯具。

▲ 选取柔和、装饰性强的灯具能为卧室烘托出温馨典雅的气氛

三、软装布艺

1.布艺的定义及分类

布艺织物是室内装饰中常用的物品，能够柔化室内空间生硬的线条，赋予居室新的感觉和色彩。同时还能降低室内的噪声，减少回声，使人感到安静、舒心。室内常用的布艺包括：窗帘、床上用品、地毯、靠枕、餐桌布等。

常见布艺分类

种类	图例	简介
窗帘		⊙ 包括窗幔、窗身和窗纱，窗幔是装饰帘不可缺少的部分 ⊙ 有平铺、打折、水波、综合等样式
床上用品		⊙ 包括床品套件、被芯、枕芯和床垫 ⊙ 可根据季节更换，快速改变居室整体氛围
地毯		⊙ 包括羊毛地毯、混纺地毯、化纤地毯和草织地毯 ⊙ 多放于客厅、卧室或卫浴间
靠枕		⊙ 包括棉布靠枕、绒布靠枕、麻布靠枕等 ⊙ 使用方便、灵活，可被用于各种场合环境，尤其是在卧室的床上，客厅的沙发上被广泛采用
餐桌布		⊙ 包括印花餐桌布、刺绣餐桌布、扎染餐桌布 ⊙ 可根据居室风格选择相适应花色的餐桌布进行搭配

2.布艺的装饰功能

在对居室空间进行装修时，墙面、地面、顶面的处理给人一种冷硬的感觉，而在后期软装设计中，布艺能够起到很大的柔和作用。由于其本身柔软的质感，可以为空间注入一丝温暖的氛围，丰富空间层次。

布艺本身的质感和材质，很容易体现各种不同的家居风格。从现代到古典，从简约到奢华，布艺都能够轻松体现出来。运用时，可以根据空间的风格进行选择，从而加强对风格的体现。

◀ 柔软的地毯与简约的窗帘为儿童房提供温馨安全的游戏空间

3.布艺的空间设计原则

布艺选择首先要与室内装饰格调相统一，主要体现在色彩、质地和图案上。例如，色彩浓重、花纹繁复的布艺虽然表现力强，但不好搭配，较适合豪华的居室。同时，家具色调很大程度上决定着整体居室的色调，因此，选择布艺色彩可以以家具为基本的参照标杆。布艺在面料质地的选择上，尽应可能选择相同或相近元素，避免材质杂乱，如装饰客厅可以选择华丽、优美的面料，装饰卧室则应选择流畅柔和的面料。

▲ 花纹繁复、造型夸张的布艺适合较为豪华的居室

▲ 装饰卧室尽量选择流畅柔和的布艺材料

四、工艺饰品

工艺饰品的陈设

1. 工艺饰品的定义及分类

所谓软装饰品，是指是可以起到修饰美化作用的物品对室内的二度陈设与布置。设计时，可根据居住者的喜好和特定配饰风格，通过对配饰产品进行设计与整合，并按照一定设计风格和效果进行装饰，最终达到整个空间的和谐、温馨、漂亮。

常见工艺饰品分类

种 类	图 例	简 介
金属工艺品		⊙ 金属或辅以其他材料制成 ⊙ 形式多样，各种风格均适用
水晶工艺品		⊙ 玲珑剔透、高贵雅致 ⊙ 适合现代风格、简欧风格
玻璃工艺品		⊙ 晶莹通透、具有艺术感 ⊙ 最适合现代风格，其他风格均可
陶瓷工艺品		⊙ 具有柔和、温润的质感 ⊙ 适合各种风格的居室
布艺工艺品		⊙ 柔软，可柔化室内空间线条 ⊙ 多见于儿童房，或具有童趣的居室

续表

种类	图例	简介
编织工艺品		⊙ 具有天然、朴素、简练的艺术特色 ⊙ 适用于田园、东南亚风格
木雕工艺品		⊙ 原料不同，色泽不一 ⊙ 适合中式及自然类风格
树脂工艺品		⊙ 造型多样，形象逼真，广泛涉及人物、动物、花鸟、山水等 ⊙ 适合各种风格的居室

2.工艺品的室内布置原则

一些较大型的反映设计主题的工艺品，应放在较为突出的视觉中心的位置，以起到鲜明的装饰效果，使居室装饰锦上添花。在一些不引人注意的地方，也可放些工艺品，从而使居室看起来更加丰满。例如，书架上除了书之外，也陈列一些小的装饰品，如小雕塑等饰物，看起来既严肃又活泼。在书桌、案头也可摆放一些小艺术品，增加生活气息。但切忌过多，到处摆放的效果将适得其反。

▲ 书架上可摆放些有趣或别致的小饰品，为书房增添点活跃气氛

五、装饰画

装饰画的作用

1.装饰画的定义及分类

装饰画属于一种装饰艺术，给人带来视觉美感，愉悦心灵。同时，装饰画也是墙面装饰的点睛之笔，即使是白色的墙面，搭配几幅装饰画，即刻就可以变得生动起来。

常见装饰画分类

种类	图例	简介
中国画		⊙ 具有清雅、古逸、含蓄、悠远的意境，特别适合与中式风格装修搭配 ⊙ 不管是山水、人物，还是花鸟，均以立意为先 ⊙ 形式有横、竖、方、圆、扇形等，可创作在纸、绢、帛、扇面、陶瓷、屏风等物上
油画		⊙ 丰富的色彩变化，透明、厚重的层次对比，变化无穷的笔触及坚实的耐久性 ⊙ 欧式古典风格的居室，色彩厚重，风格华丽，特别适合搭配油画做装饰
摄影画		⊙ 摄影画的主题多样，根据画面的色彩和主题的内容，搭配不同风格的画框 ⊙ 画面包括“具象”和“抽象”两种类型，可以用在多种风格之中
工艺画		⊙ 是指用各种材料通过拼贴、镶嵌、彩绘等工艺制作成的装饰画 ⊙ 不同的装饰风格可以选择不同工艺的装饰画做搭配

常见装饰画悬挂方式

种类	图例	简介
对称式		⊙ 最保守、最简单的墙面装饰手法 ⊙ 将两幅装饰画左右或上下对称悬挂 ⊙ 适合面积较小的区域 ⊙ 画面内容最好为同一系列
重复式		⊙ 将三幅造型、尺寸相同的装饰画平行悬挂，成为墙面装饰 ⊙ 适用于面积相对较大的墙面 ⊙ 图案包括边框应尽量简约，浅色及无框款式更为适合
水平线式		⊙ 在若干画框的上缘或下缘设置一条水平线，在这条水平线的上方或下方组合大量画作 ⊙ 为避免呆板，可将相框更换成尺寸不同、造型各异的款式
方框线式		⊙ 在墙面上悬挂多幅装饰画可采用方框线挂法 ⊙ 根据墙面情况，勾勒出一个方框形，以此为界，在方框中填入画框，可以放四幅、八幅甚至更多幅装饰画

2.装饰画的设计原则

室内装饰画最好选择同种风格，在一个空间环境里形成一两个视觉点即可。如果同时要安排几幅画，必须考虑之间的整体性，要求画面是同一艺术风格，画框是同一款式或者相同的外框尺寸，使人们在视觉上不会感到散乱。

选择装饰画时，首先要考虑悬挂墙面的空间大小。如果墙面有足够的空间，可以挂置一幅面积较大的装饰画；当空间较局促时，则应当考虑面积较小的装饰画，这样才不会令墙面产生压迫感。

▲ 当空间较局促时，可以选择悬挂简洁的单幅装饰画